VIE ET INVENTIONS

DE

PHILIPPE DE GIRARD

PHILIPPE DE GIRARD
D'après un portrait peint par Henri Scheffer.

VIE ET INVENTIONS

DE

PHILIPPE DE GIRARD

INVENTEUR DE LA FILATURE MÉCANIQUE DU LIN

PAR

Gabriel DESCLOSIÈRES

DEUXIÈME ÉDITION ILLUSTRÉE

> Ceux qui sont capables d'inventer sont rares; ceux qui n'inventent pas sont en plus grand nombre, et par conséquent les plus forts, et l'on voit que, pour l'ordinaire, ils refusent aux inventeurs la gloire qu'ils méritent. (PASCAL.)

PARIS
LIBRAIRIE CLASSIQUE ET D'ÉDUCATION
Ve MAIRE-NYON
A. PIGOREAU, SUCCESSEUR
13, QUAI DE CONTI, 13
(Entre la Monnaie et l'Institut)

OUVRAGES DU MÊME AUTEUR

Biographies des grands inventeurs dans les sciences et l'industrie. . . . . 1 vol.

Biographies des grands inventeurs dans les arts et l'industrie . . . . 1 vol.

Histoire d'un jeune détenu. . . . . 1 vol.

Un poète national au XVe siècle. — Alain Chartier . 1 vol.

Trois causes célèbres. — Le procès de Jacques Cœur. — Curieux procès du paratonnerre de Saint-Omer. — La cause du gueux de Vernon . . . . 1 vol.

Rapports et mémoires présentés à la Société des études historiques et à la Société Philotechnique : le vilain Mire, la Fée d'Argouges, légende normande, etc. . . . . 1 vol.

AVANT-PROPOS

DE LA PREMIÈRE ÉDITION

Le 26 août de l'année 1845, dans un modeste pavillon dépendant d'un hôtel situé place de la Concorde, un vieillard âgé de soixante et onze ans, expirait.

Sa main épuisée traçait les derniers mots d'un nouveau mémoire destiné à tenter un suprême effort pour faire tomber les résistances obstinées qui refusaient à la France la gloire de l'invention de la filature mécanique du lin.

Cet homme de génie, après avoir sacrifié la fortune de sa famille au succès de sa découverte, léguait à la France les principes fondamentaux et les procédés complets d'une fabrication dont les produits sont évalués, aujourd'hui, à plus d'un milliard et demi de francs.

Grâce au pieux courage d'une famille que rien n'a fait défaillir dans l'accomplissement de sa tâche, la vérité est montée lentement, mais toujours, dans les régions supérieures de la publicité contemporaine, pour briller d'un éclat que l'ignorance et la passion ne peuvent plus ternir.

La France a déjà réparé, dans une certaine mesure, le déni de justice qui a rendu l'inventeur français martyr de son génie.

Philippe de Girard ne peut plus être dépouillé de la gloire de son invention; mais peu de personnes savent, comment, et par combien de moyens, il servit la science et l'industrie; comment l'heureuse alliance d'une belle âme et d'une intelligence merveilleusement féconde offrait, en lui, le type excellent de l'homme moral et du savant.

Si la mort, trop prompte à venir, marche plus vite que l'heure de la justice, il n'est jamais trop tard pour réunir les éléments d'une gloire entière, parce qu'elle dut sa plénitude aux principes d'une éducation forte et aux élans d'un ardent patriotisme.

On ne peut suivre, sans une profonde sympathie, les faits de cette existence, si remplie de dévouement et d'abnégation, alors que la justice due à Philippe de Girard, n'est pas complète, et que l'infortune qu'il a recueillie pour prix de ses services, pèse encore sur les héritiers de ses malheurs.

Paris, 15 novembre 1857.

AVANT-PROPOS

DE LA DEUXIÈME ÉDITION

Depuis 1857, des faits nouveaux complétant la biographie de Philippe de Girard ont été mis au jour ; les jurys des expositions universelles ont, de plus en plus, affirmé ses titres et sa gloire. Le Conseil d'État a repoussé par des fins de non-recevoir tirés de la procédure administrative, la réclamation de la nièce du grand inventeur ; de nouvelles notices ont été publiées, l'érection d'une statue sur une des places d'Avignon a été décidée.

Il nous a paru intéressant de faire connaître ces circonstances complémentaires dans une nouvelle édition.

15 mai 1881.

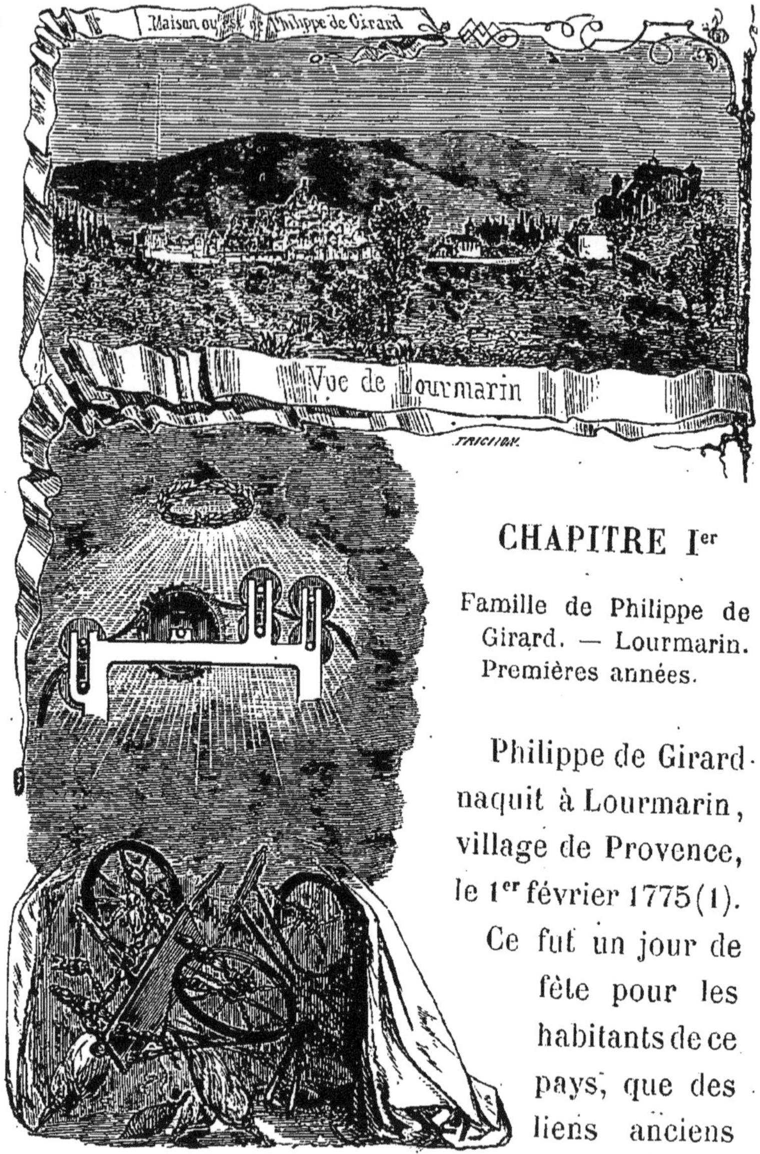

CHAPITRE Ier

Famille de Philippe de Girard. — Lourmarin. Premières années.

Philippe de Girard naquit à Lourmarin, village de Provence, le 1er février 1775 (1). Ce fut un jour de fête pour les habitants de ce pays, que des liens anciens

(1) Le trait de la vignette indique la maison natale de Philippe de Girard.

et nombreux de reconnaissance et d'affection unissaient à la famille de Girard.

Un des ancêtres de cette maison avait suivi le duc de Lesdiguières en Dauphiné pendant les guerres de la Ligue ; puis à la paix, il était venu chercher le repos dans son domaine de Lourmarin.

Depuis cette date, des rapports réciproques de bienveillance, de services rendus et de respectueuse reconnaissance s'étaient établis entre la famille de Girard et les habitants de la contrée.

La tranquillité de ce petit pays fut troublée par les persécutions religieuses qui suivirent la révocation de l'édit de Nantes. Un jour, les habitants de Lourmarin éprouvèrent la douleur de voir les Dragons du Roi enlever les enfants de la famille de Girard. Les filles furent enfermées au couvent de la Propagande d'Aix, on conduisit le fils, Henri de Girard, dans une maison de jésuites.

Les efforts tentés pour arracher cet enfant à sa foi restèrent inutiles ; les bons pères lassés de la persistance du jeune protestant, l'abandonnèrent à ses propres résolutions.

Henri de Girard de retour à Lourmarin,

retrouva sous le toit paternel les traditions austères de sa famille. L'étude des lettres et des sciences captiva sa jeunesse, et il accepta bientôt à son tour le rôle de chef de famille avec la conscience élevée des devoirs sacrés qu'il impose. Huit enfants lui naquirent; quatre seulement vécurent : Joseph, Frédéric, Camille et Philippe.

M. Henri de Girard, préoccupé d'assurer l'avenir de ses fils et de leur ouvrir l'accès de la magistrature et de l'armée, se fit réintégrer dans les droits de noblesse qui avaient appartenu à sa famille avant la persécution ; il acheta dans ce but la charge de secrétaire du roi.

Répandre autour de lui par l'exemple et la parole, l'amour de la vertu, l'ardeur sainte pour les occupations utiles, tel était le rôle que le chef de la famille de Girard s'était tracé.

Il trouvait dans la vie calme du propriétaire cultivateur la réalisation de cette félicité promise par le bon Olivier de Serres à qui sait comprendre la noble vie des champs.

Le pays lui dut le dessèchement des marais voisins de Lourmarin, l'amélioration du système d'éducation des vers à soie, l'introduction de la culture de la pomme de terre, de nombreux perfectionnements agricoles.

Convaincu de ce principe, que pour moraliser les hommes il faut ménager et respecter leur dignité, il trouvait d'ingénieux moyens afin de déguiser sous l'apparence de travaux à faire pour son compte, de services à lui rendre, les secours qu'il accordait aux indigents.

Sa prévoyance sut écarter de cette laborieuse population dont il s'était fait le patron volontaire, le spectacle désolant des fainéantises héréditaires que perpétuent dans leurs haillons sordides des familles entières chez lesquelles l'état de mendicité devient plus lucratif qu'une profession.

Mme de Girard, associée aux nobles efforts de son mari, pour étendre autour de lui son utile bienfaisance, ne laissait pas une infortune sans consolations, une misère sans espérance. La nature semblait avoir tracé comme à souhait un cadre pour enfermer les habitudes philanthropiques de M. de Girard.

Lourmarin est situé dans une des parties les plus pittoresques du Comtat d'Avignon, à l'entrée des montagnes du Luberon, dernière ramification des Alpes. Assis au pied des collines boisées, le village paraît être descendu de la petite ville d'Apt, à travers les gorges de la Combe, pour venir se reposer dans les riantes prairies que traverse la folle rivière de la Durance.

Le silence des bois, le mouvement des eaux rapides, le calme des pâturages, se réunissent en ce lieu pour former un spectacle d'une merveilleuse variété, bien capable d'inspirer à l'âme de tranquilles pensées.

M. de Girard n'eut garde de méconnaître les enseignements que la nature plaçait sous les yeux de ses enfants. Il possédait cette sagesse, cet esprit pratique, ce bon sens qui se rencontrent parfois même chez des natures peu cultivées; et à ces dons précieux, s'ajoutaient les fruits d'études réfléchies. Son âme s'était épanchée dans un livre goûté de ses contemporains et publié sous ce titre : l'*Ami de la Nature*.

L'inspiration du poète s'unissait dans cet ouvrage, aux méditations du philosophe; l'abbé Roy, secrétaire du comte d'Artois et censeur royal, avait, dans l'approbation donnée au livre porté ce jugement : « Cet ouvrage m'a paru réunir le génie de Pope et la sensibilité de Gessner. » Mais, bien au-dessus de ses succès littéraires, M. de Girard élevait sa volonté de faire de ses enfants des hommes utiles.

Une prudente distribution du temps consacré à l'étude et des heures données aux exercices du corps lui avait fait obtenir les résultats que le père de famille doit poursuivre avant tout. Ses fils jouissaient d'une santé vigoureuse ; leur caractère généreux les destinait aux nobles entreprises. Sans cesse nourri par la conversation, la lecture, l'observation du monde physique, leur esprit possédait des notions générales sur presque toutes les connaissances humaines. De si heureuses dispositions devaient mettre les frères de Girard à même d'embrasser avec puissance l'étude spéciale vers laquelle inclinerait leur vocation.

L'enseignement des sciences, de la littérature, de la philosophie et de l'histoire se partageait les heures de l'après-midi. Les matinées se passaient en courses aux environs, en explorations dans les bois de la Combe et sur les bords de la Durance.

Le professeur de mathématiques, froid et méthodique dans son enseignement, limitait volontiers l'étendue des promenades aux murs du parc de Lourmarin, aux ruines voisines du château Sarrasin. Il pensait, au grand regret de ses élèves, que, pour expliquer la formation de la rosée, il n'était pas nécessaire de gravir les rudes sentiers de la Combe; les principes de la géométrie ne pouvaient-ils pas s'appliquer sur la surface du jardin tout aussi bien que sur les champs éloignés de la maison paternelle?

La fatigue qu'imposait aux jeunes gens l'immobilité de leur savant professeur disparaissait lorsque sonnait l'heure de la leçon de littérature. Doué de toutes les richesses d'une imagination méridionnale, le professeur déroulait devant ses élèves des perspectives sans limites. Avec lui, l'homme n'était plus un travailleur tenace préoccupé d'asservir le monde physique pour le plier à la satisfaction de ses besoins; sous sa parole pleine d'images, le roi de la création devenait un poète qui devait mettre sa suprême félicité à chanter les harmonies de la Nature.

Le riant séjour de Lourmarin prêtait ses horizons aux enseignements du professeur.

Les poètes grecs et latins qu'il lisait à ses élèves, semblaient avoir vécu sous les splendides rayons du soleil de Provence. Le hêtre de Virgile ne pouvait offrir de plus frais ombrages que les bosquets des collines voisines.

Revenus le soir près de leur mère, les frères de Girard trouvaient les enseignements d'une âme constamment préoccupée d'inspirer à ses enfants l'amour du beau et du bien.

Sous l'influence de ce système d'éducation, ces jeunes gens firent des progrès rapides; mais le plus jeune, Philippe, se distinguait entre tous par son aptitude pour les sciences exactes.

L'abbé Raynal, ami de M. de Girard, étant venu passer un mois de vacances près de lui, fut tellement surpris du développement de l'intelligence de Philippe qu'il lui prédit une grande place dans le mouvement scientifique de son époque.

Le moment approchait, où ce bonheur des jeunes années passées au sein de la famille, devait finir.

Vue générale d'Aix.

Les obligations plus étroites d'une vie consacrée à la poursuite d'une profession allaient naître pour Joseph et Frédéric.

L'expérience de M. de Girard lui disait que si l'éducation première dirigée d'une main ferme, dans les conditions heureuses de l'existence domestique, forme la meilleure de toutes les initiations au travail, le caractère de l'homme même ne peut acquérir son entier développement que dans la pratique du monde, en dehors de ces interventions journalières de la famille qui, trop prolongées, paralysent les natures les mieux douées.

Aix, l'antique résidence des comtes de Provence, est la grande ville la plus rapprochée de Lourmarin. Il y avait dans cette ancienne capitale un centre universitaire important. Le fils aîné Joseph commença ses études de droit à la Faculté.

M. de Girard partit pour Paris, il désirait préparer l'admission de Fréderic dans les gardes du corps.

Quant à Camille et à son jeune frère Philippe, ils devaient rester quelques années encore près de leurs parents.

CHAPITRE II

CHAPITRE II

Direction imprimée par M. de Girard à ses fils. — Aptitude de Philippe pour les sciences. — Les événements de 1793 dispersent la famille de Girard. — Philippe de Girard combat dans l'armée fédéraliste.

Pendant le temps assez long que M. de Girard fut obligé de passer à Paris pour trouver des protections à son fils Frédéric, et pour préparer son admission dans les gardes du corps, il ne cessa de continuer par sa correspondance, la direction qu'il imprimait à l'éducation de ses fils.

En l'absence du chef de famille, Joseph revint d'Aix pour prendre la direction de Lourmarin et surveiller les études de ses frères.

Les lettres qu'il échangeait avec son père montrent avec quelle sollicitude M. de Girard suivait les études de ses fils.

« Vous ne me parlez pas assez de vos frères,

écrivait-il à son fils aîné ; vous m'auriez fait plaisir de me dire s'ils font des progrès dans les mathématiques, s'ils ont commencé l'algèbre. Comment vont le grec, la grammaire, l'histoire, la géographie, le dessin? Tout cela m'intéresse plus que je ne saurais vous l'écrire. »

L'excellent professeur de mathématiques, atteint par une douloureuse maladie, se trouvait forcé de suspendre ses leçons.

M. de Girard, désireux de ne pas interrompre pour ses deux plus jeunes fils un enseignement qu'ils suivaient avec goût, écrivait de Paris :

« Occupez-vous, sans relâche, de trouver un professeur de mathématiques pour vos jeunes frères ; et, en attendant que vous ayez un nouveau maître, faites enseigner Camille et Philippe par Frédéric ; ne laissez pas leurs études se ralentir.

« Vous savez que je désire pour les sciences un géomètre, homme lucide et pratique ; je ne vois pas, sans un certain effroi pour votre avenir à tous, le trop grand entraînement que votre spirituel professeur de littérature vous inspire vers les idées spéculatives et les œuvres d'imagination. Dites à votre frère Frédéric que nos amis et moi, nous sommes toujours pleins d'anxiété sur le sort de nos démarches.

« La difficulté d'obtenir des brevets est immense; le nombre des sujets qui cherchent à se faire placer et qui ne peuvent y parvenir, devient incroyable. »

L'existence de solliciteur, que M. de Girard menait à Paris, ne lui convenait guère.

Cette agitation au milieu du monde de la Cour, pour obtenir une nomination disputée par tant de concurrents, lui faisait regretter les calmes et utiles occupations de Lourmarin.

La protection du prince de Condé, dont M. de Girard administrait les biens de Provence comme fermier général, aurait pu le servir dans ses démarches; un scrupule, né de la grande dignité de son caractère, l'empêchait de recourir à ce puissant appui.

Le Prince avait agréé la dédicace de l'ouvrage *l'Ami de la Nature*. Réclamer un service au lendemain d'un hommage, pouvait paraître la combinaison d'un calcul bien loin de la pensée de M. de Girard. Le temps s'écoulait au milieu de ces empêchements réels ou créés par une très grande délicatesse. C'était le cœur plein de regrets de son éloignement forcé de sa famille que M. de Girard écrivait :

« Je n'obtiens pas de résultats satisfaisants ; des visites à faire, des visites à recevoir, des dîners plus que je n'en voudrais et des après-dîners qui ne finissent pas ; des voyages à Versailles sans succès, des personnes mal informées qui donnent des espérances auxquelles il faut renoncer : voilà mon ennuyeuse existence.

« Je vous recommande vos frères Camille et Philippe ; oubliez qu'ils ont dix ans de moins que vous et parlez-leur comme à des hommes. Philippe montre une intelligence extraordinaire, d'après ce que vous m'écrivez de lui. Les enfants sont charmants à Paris, et d'un esprit très développé ; cela vient de ce qu'on les traite avec grande douceur ; on les considère de bonne heure comme de petits hommes. »

Ce soin apporté par M. de Girard à l'éducation de ses deux plus jeunes fils, et à l'avancement dans le monde des aînés, devait être récompensé.

Frédéric fut admis dans les gardes du corps,

il vint prendre garnison à Versailles, tandis que Joseph, rendu à ses études juridiques par le retour de son père, retrouvait à Aix ses livres et ses amitiés.

Il eut bientôt achevé de conquérir ses grades, et il débuta dans les affaires.

M. de Girard ne cessait d'entretenir avec lui une correspondance remarquable par le grand sens et l'esprit pratique qu'elle révèle.

« Tout ce que j'ai pu voir à Paris me fait vous conseiller de vous former dans le maniement des affaires. Les hommes qui n'ont que des connaissances frivoles ne sont pas estimés ; on veut qu'un homme ait un état, ou du moins qu'il soit assez instruit pour s'ouvrir une carrière. »

Dans une autre correspondance, ces conseils prenaient un caractère plus intime.

« Vous me dites que vous allez chez M. l'avocat Rimbaud, mais vous ne me parlez pas du travail que vous faites dans son cabinet. Ne négligez pas les inventaires des sacs, les abrégés des pièces qu'ils contiennent. Croyez que ces travaux préparatoires ont une grande importance. Prenez garde à votre imagination : elle vous montre les hommes et les choses sous des points de vue inexacts.

C'est fort bien fait de lire Charron et Sénèque ; mais pour les lire avec fruit et satisfaction il faut avoir rempli sa tâche de la journée.

Je crois voir par vos lettres que malgré vos études avancées, vous ne savez pas travailler avec assez de méthode.

« Croyez qu'il est très important, avant d'aborder l'étude, de se mettre dans une disposition d'esprit favorable. Le travail mal fait fatigue et ne laisse rien après lui.

« Vous vous plaignez que dans la famille de G*** on ne vous ait pas montré l'empressement que vous auriez souhaité : vous oubliez que vous n'êtes encore qu'un étudiant ; c'est en vous élevant par votre mérite et votre probité que vous obtiendrez d'être distingué dans le monde. »

Pendant que Joseph, sous l'influence des conseils de son père, se préparait aux honorables fonctions que l'administration et la politique lui réservaient dans l'avenir, Philippe progressait dans l'étude des sciences, pour lesquelles on lui avait reconnu des aptitudes tout à fait exceptionnelles. Son père l'avait confié, dès les premiers mois de l'année 1789, aux bons soins du savant M. Gouan, directeur du jardin botanique de Montpellier. Philippe profita merveilleusement des occasions qui lui étaient offertes de trouver de bons modèles.

Aux savantes leçons des professeurs de Montpellier, il joignit l'étude de la chimie sous la direction du père Béraud de l'Oratoire.

Les sciences n'absorbaient pas tous les moments de Philippe de Girard : il eut le bonheur, pendant un séjour à Marseille, de suivre les leçons du sculpteur Chardigny; les progrès du jeune statuaire furent si rapides qu'au retour des vacances il exécuta le buste de son père. Le témoin de cette grande facilité de Philippe de Girard à réussir en tout ce qu'il entreprenait est conservé dans la maison de Lourmarin.

Il fit aussi, vers le même temps, une statue de nymphe si gracieuse qu'on l'attribua à Chardigny lui-même.

Pendant que Philippe de Girard acquérait à Montpellier les connaissances scientifiques qui devaient le préparer à suivre l'étude de la médecine, un douloureux événement vint troubler le bonheur de sa famille.

Madame de Girard fut enlevée à l'affection de son mari et de ses enfants.

Les derniers moments de cette vertueuse mère furent un bel exemple de ce que l'austérité de la foi, la soumission aux décrets de la Providence peuvent apporter de grandeur à l'expression des suprêmes adieux.

Au deuil profond dans lequel la mort de Mme de Girard plongea sa famille, succédèrent les alarmes causées par les désordres qui suivirent le grand mouvement des esprits, en 1789.

M. de Girard jugeait, du fond de sa retraite de Lourmarin, la révolution en philosophe, son âme généreuse s'associait aux principes proclamés par l'Assemblée Nationale; la modération de son caractère le rangeait dans ce parti, nombreux alors, des hommes sans intrigue, amis des libertés publiques, disposés aux plus grands sacrifices pour assurer le bonheur et la gloire du pays.

Cependant les lettres écrites par Frédéric de Girard ne tardèrent pas à causer de poignantes inquiétudes sur l'avenir.

On connaissait à Lourmarin, dans leurs plus tristes détails, les scènes sanglantes qui accompagnèrent l'envahissement du Palais de Versailles et le départ de Louis XVI pour Paris.

Les fureurs du peuple excité contre les gardes du corps inspiraient à la famille la crainte d'apprendre une fatale nouvelle.

L'arrestation du roi fut le signal de poursuites contre les personnes attachées au service de la famille royale.

Lorsque Frédéric de Girard eut acquis la douloureuse certitude qu'il ne pouvait plus servir utilement la cause de la monarchie à Paris, il vint rejoindre tous les siens réunis à Lourmarin. Son titre le fit choisir pour organiser les milices bourgeoises destinées à réprimer les brigandages du Midi. Ce rôle devint plus important lorsque les fédéralistes de Provence se soulevèrent en faveur des Girondins.

Philippe, qui venait d'atteindre ses dix-sept ans s'enrôla dans la légion commandée par son frère.

M. de Girard, père, dont le grand âge ne pouvait plus courir les hasards d'un pareil temps, s'était retiré en Suisse emmenant avec lui son troisième fils.

On sait comment le général Cartaux contraignit les fédéralistes à se replier sur Marseille et Toulon ; une partie de leur armée fut enfermée et détruite dans Marseille, tandis que l'autre se retranchait dans Toulon avant que le général de la Convention se fut établi au débouché des gorges d'Ollioules.

Dans la fameuse nuit du 18 Décembre, les frères de Girard concoururent à la défense du fort de l'Éguillette.

Après le combat, Philippe ne reparut pas ; Joseph et Frédéric désespérés revinrent le chercher parmi les morts sur le champ de bataille.

Ils le trouvèrent au milieu d'un groupe de combattants descendant vers les quais. Les assaillants, maîtres des forts, s'étaient hâtés de tourner leurs canons vers le port, pour foudroyer les flottes anglaise et espagnole. Les assiégés se retiraient en désordre, sous une grêle de projectiles ; plus de vingt mille personnes, fuyant l'incendie qui dévorait la ville, poussaient des cris de détresse vers les escadres ; ces malheureux imploraient des moyens de salut contre les fureurs de l'armée victorieuse.

L'amiral espagnol Langara, prenant en pitié ces infortunés, fit mettre les chaloupes à la mer avec ordre de recevoir autant de monde qu'elles pouraient en contenir. Arrêtés aux abords du quai, tant la foule était compacte, Philippe de Girard et ses frères furent recueillis, aux lueurs de l'incendie de l'arsenal, par une des chaloupes que l'amiral anglais Hood, obéissant un peu tard à l'exemple d'humanité donné par l'amiral espagnol, avait envoyées au secours des vaincus.

Les flottes ayant été assaillies, en vue de Toulon, par la tempête, les vaisseaux furent dispersés et les réfugiés subirent pendant plusieurs jours les horreurs de la famine. La terreur n'avait pas permis de songer à se procurer des vivres en quantité suffisante pour nourrir les milliers de réfugiés qui avaient trouvé asile sur les escadres étrangères.

CHAPITRE III

CHAPITRE III

Exil à Mahon. — Livourne. — Nice.

L'indigence dans l'exil suivit les cruelles angoisses causées par les périls du voyage.

Joseph, Frédéric et Philippe, doués de l'imagination qui découvre des expédients et de l'activité qui les conduit à l'application utile, s'efforcèrent de se protéger contre le dénûment qui les menaçait.

L'ingénieux emploi de leurs connaissances multiples leur fournit des ressources qui manquaient à leurs infortunés compatriotes. Les deux frères aînés trouvèrent dans leurs notions en botanique, l'élément d'un petit commerce d'herboristes. Les fièvres désolaient Mahon ; Joseph et Frédéric explorèrent les bois, les montagnes et découvrirent des herbes bienfaisantes que les pharmaciens de l'île ne possédaient pas.

Philippe suivait ses frères dans leurs excursions, et pendant que, penchés vers la terre, ils poursuivaient leurs recherches, l'artiste interrogeait l'horizon, dessinait des vues que lui achetait un marchand de gravures.

La réputation de Philippe de Girard, comme peintre, parvint à un haut degré de notoriété dans l'île, lorsque l'hôtesse de la famille de Girard eut fait reproduire par le jeune artiste son portrait en toilette de mariée.

L'exhibition de cette peinture dans la salle où se trouvait la table d'hôte, soumit aux suffrages des voyageurs l'œuvre de Philippe; la commune renommée ne tarda pas à lui faire une clientèle. La boîte d'herboriste de Frédéric et de Joseph, le pinceau de Philippe ne pouvaient parvenir à faire cesser la situation précaire qui pesait sur les trois exilés; des lettres écrites de Suisse par M. de Girard le père engageaient ses fils à se rapprocher de la France, et à venir attendre dans le nord de l'Italie le jour où la patrie serait délivrée de l'odieux régime qui l'opprimait.

Les frères de Girard partirent pour Livourne;

ils établirent dans cette ville une fabrique de savon (1). La nécessité fit ainsi entrer Philippe de Girard dans l'industrie ; il ne s'y serait probablement pas livré si sa famille fut restée paisible propriétaire du domaine de Lourmarin.

Le jeune négociant ne perdit cependant pas ses goûts artistiques, et vers cette époque il mit en usage des procédés particuliers inventés par lui pour graver les pierres dures et réduire les statues.

La chute de Robespierre fit espérer aux émigrés des jours meilleurs ; ils apprenaient de leurs amis restés en France, que l'allégresse publique succédait au découragement.

La famille de Girard se réunit à Marseille, dans les premiers jours du mois d'août de l'année 1794 ; mais elle se trouva dispersée de nouveau lorsque l'insurrection royaliste des 12 et 13 vendémiaire rendit imminentes des mesures de réaction.

(1) Les procédés pour la fabrication du savon en grand, et à l'aide de la vapeur, employés dans cette usine, furent décrits par MM. de Girard dans un brevet pris en 1810, 26 décembre.

C'est vers cette date que se place le début de Philippe de Girard dans la carrière des sciences; il obtint à l'âge de dix-neuf ans, au concours de l'école centrale de Nice, la chaire de professeur d'histoire naturelle.

Les circonstances qui accompagnèrent ce concours montrèrent combien était grande la spontanéité de son esprit.

Philippe de Girard était arrivé la veille du jour fixé pour la clôture des examens, ignorant qu'ils devaient avoir lieu. L'ami chez lequel il recevait l'hospitalité connaissant l'aptitude de Philippe pour les sciences, l'engagea à tenter les chances d'une épreuve. La venue tardive du nouveau concurrent devait être un obstacle. L'ami de la famille de Girard possédait du crédit près de la commission d'examen; il fit valoir la situation particulière dans laquelle se trouvait son jeune protégé réduit à toutes les vicissitudes de l'exil.

L'autorisation fut accordée; mais la bonne volonté du jury sembla devoir s'arrêter à cette première faveur, et lorsque le candidat commença le développement de la thèse qui lui était échue,

Vue de Nice.

les conversations particulières s'engagèrent, et il eut à parler devant des juges inattentifs.

Philippe de Girard devait professer une leçon sur l'histoire générale des sciences; sans se laisser déconcerter par l'attitude peu favorable de ses examinateurs, il frappa du revers de la main sur la tablette de la chaire; puis, quittant le ton dogmatique pour le langage direct.

« Nous vivons, s'écria-t-il ! Et c'est l'enchaînement merveilleux de toutes les sciences dont je dois retracer l'histoire qui nous fait vivre. L'humanité menacée par des causes nombreuses de destruction ne peut se perpétuer qu'en luttant sans relâche entre le néant qui la réclame. Nos armes dans ce combat de chaque jour, n'est-ce pas la science qui nous les donne? »

Sous l'impression de ces paroles prononcées d'une voix vibrante, les professeurs redevinrent attentifs, la leçon se poursuivit aux applaudissements de l'auditoire.

Philippe de Girard obtint la chaire d'Histoire naturelle.

Son séjour à Nice fut un des plus heureux temps de sa vie. Cette ville charmante n'était point alors le séjour de luxe et de plaisir mondain que la mode a consacré aujourd'hui ; mais elle avait son doux climat, son sol fertile, où fleurit le citronnier et l'oranger, ses vues ravissantes sur la mer et sur les montagnes.

Le succès de Philippe comme professeur s'augmenta d'un nouveau triomphe.

Trois Français avaient été arrêtés aux environs de Nice; traduits devant une commission militaire, ils étaient accusés d'avoir entretenu des intelligences avec les sections de Paris, coupables de l'insurrection royaliste des 12 et 13 vendémiaire ; personne n'osait intervenir en leur faveur, et ils allaient être condamnés, lorsque Philippe de Girard s'offrit pour présenter leur défense.

Le salut des accusés était assuré, s'ils parvenaient à prouver qu'ils n'avaient jamais été en communication avec les conspirateurs de Paris.

Philippe de Girard apporta dans cette démonstration la rigeur d'un mathématicien, l'imagination d'un poète, l'éloqence d'un homme de cœur.

Les trois Français furent rendus à la liberté.

Dans les dernières années de sa vie, au milieu

de la gloire de ses inventions, Philippe de Girard aimait à rappeler le souvenir de ce succès.

L'acquittement des royalistes devint pour le jeune professeur la cause d'une insulte grossière suivie d'un duel.

A la fin du siècle dernier, et pendant les premières années de l'empire, la réputation de duelliste paraissait très désirable aux jeunes gens désœuvrés et qui hantaient les cafés et les lieux de plaisir.

Presque toutes les villes possédaient un fanfaron qui, fort de son adresse aux armes, régnait despotiquement au théâtre, à la promenade, sur les jeunes gens et les bons bourgeois incapables de châtier ses impertinences.

Les formes polies, l'air délicat de Philippe de Girard n'étaient pas de nature à causer des inquiétudes au matamore qui faisait trembler la jeunesse de Nice.

Ce personnage se nommait Mornas.

Mornas avait décidé, dans son omnipotence, que le *petit professeur à succès* passerait par ses mains.

Un soir, Philippe assitait à la représentation

d'un opéra nouveau, lorsque cinq ou six jeunes gens vinrent s'assoir bruyamment dans les stalles voisines de celle qu'il occupait.

Pendant l'entr'acte, la conversation s'engagea très animée, entre les voisins de Philippe de Girard; ils discutaient sur le courage moral comparé au courage physique.

« Je soutiens, dit le maître de la bande, qui n'était autre que Mornas, je soutiens qu'il est plus aisé de faire des phrases devant un tribunal que de se trouver sans pâlir au bout d'une épée. »

Le spadassin, en prononçant ces paroles, fixait ses regards sur le jeune professeur. La provocation était directe, l'allusion à la défense récente des royalistes ne pouvait laisser de doute. Le silence se fit autour des deux acteurs de cette scène.

Philippe de Girard ne voulut pas paraître avoir compris l'insulte.

Enhardi par cette attitude, Mornas, s'écria :

« — Monsieur le chimiste, vous devriez user de votre science pour teindre les coutures de votre habit! »

Cette grossière et cruelle allusion à la situation

modeste que l'exil imposait au savant jeune homme, loin de soulever le dégoût des spectateurs, mit les rieurs du côté de l'insolent.

Philippe de Girard, malgré le mépris que lui causaient l'insulteur et l'insulte, demanda réparation.

Le lendemain, dès la première heure du jour, la rencontre eut lieu. L'adversaire de Philippe de Girard avait apporté deux sabres, deux épées, une paire de pistolets.

« Monsieur le Professeur, dit Mornas en étalant cet arsenal, j'ai voulu vous faire la part belle ; vous devez savoir vous servir d'une de ces armes.

— « Je n'ai pas de préférence, répondit Philippe, tirez au sort. »

Le sort désigna le sabre.

Les deux adversaires étaient peine tombés en garde, que Philippe, par un mouvement d'une prestesse merveilleuse, atteignit le duelliste d'un coup de revers à la hanche. La lame du sabre rencontra un corps dur et la percussion fit entendre un son métallique.

Philippe de Girard sourit de mépris, jeta son sabre et pria les témoins de charger les pistolets.

L'adversaire, sans attendre le signal, tira le premier; la balle effleura la tête de Philippe.

« C'était presque bien, lui dit-il, sans perdre ce calme imperturbable qui était le trait caractéristique de sa nature. Votre conduite, poursuivit-il d'une voix dédaigneuse, m'inspire la pensée de vous donner une leçon..... de géométrie. Voyez au sommet de cette arbre une branche dépouillée de feuilles ; supposons que ce soit vous. »

En disant ces mots, Philippe de Giarard recevait un pistolet des mains d'un de ses témoins. » D'un point à un autre, on ne peut mener qu'une seule ligne droite, c'est un axiome. »

Le coup partit, la branche vola dans les airs ; le duelliste fit des excuses.

Cette rencontre occupait encore les conversations des bourgeois de Nice, lorsque les circonstances politiques, redevenues plus favorables, permirent à Philippe de Girard de rentrer en France.

Le succès obtenu par les leçons du jeune professeur à Nice le fit choisir pour professer le cours de chimie au collège de Marseille.

Livré sans préoccupations extérieures, à ses

recherches et à ses méditations, Philippe de Girard acquit, au sein de sa laborieuse retraite, des trésors de savoir. Ce fut à cette époque qu'il perfectionna la machine inventée par lui à l'âge de quatorze ans pour utiliser, comme moteur, le mouvement des vagues de la mer.

Les expériences furent faites sur le rocher situé au-dessous de la batterie d'Endoume.

Cet appareil est décrit avec les plans qu'il comportait dans un brevet portant la date de 1799; le Conservatoire des arts et métiers de Paris le conserve, dit-on, dans ses archives.

Lorsque Philippe de Girard eut réalisé, théoriquement, les conquêtes qu'il avait proposées à son amour de l'étude, il se sentit dominé par le désir irrésistible de venir à Paris se mêler au grand mouvement scientifique de l'époque.

La physique fut l'objet particulier de ses méditations, et il débuta par donner au monde savant, deux applications ingénieuses des principes de cette science dans l'invention des *lampes hydrostatiques* et le perfectionnement de la *machine à feu.*

CHAPITRE IV

CHAPITRE IV

Invention des lampes hydrostatiques et des globes de verre dépoli.

Le génie de Philippe de Girard le portait aux inventions d'une application pratique et d'une utilité générale. Homme de travail incessant, il avait bien souvent souffert du système défectueux d'éclairage mis à la disposition des savants qui prolongent, très avant dans la nuit, le cours de leurs laborieuses recherches.

Frédéric de Girard, associé aux préoccupations de son frère Philippe, ne cessait de l'aider dans ses tentatives. La science de Philippe servie par l'imagination de son frère, trouva dans la loi physique de l'équilibre des fluides, un moyen ingénieux et simple de remplacer les appareils incommodes et disgracieux employés jusqu'alors pour l'éclairage.

Réunir à la belle lumière des lampes à courant d'air, l'économie, la commodité, la propreté qui leur manquaient, tel était le but que Philippe de Girard voulait atteindre.

M. Argan avait imaginé de donner aux mèches des lampes une forme circulaire, pour permettre à l'air de pénétrer dans le vide pratiqué. La combustion de l'huile se trouvait ainsi complètement déterminée. La production abondante de fumée reprochée aux anciennes lampes avait été prévenue par l'adoption de verres en forme de cheminée dont l'application était due à M. Quinquet.

De nombreuses améliorations étaient nées de ces perfectionnements, l'invention de MM. de Girard les laissa fort en arrière.

Fournir une lumière toujours égale répond à la première condition du bon fonctionnement d'une lampe. Ce mérite se rencontrait dans les lampes dont le réservoir placé au-dessus du porte-mèche portait continuellement le combustible à la même hauteur.

Cette construction avantageuse lorsqu'il s'agissait d'obtenir une lumière fixe seulement d'un même côté, devenait fort incommode pour les lampes qui devaient être transportées.

L'ombre que le réservoir projetait du côté opposé au bec, l'huile répandue, toutes les fois que l'air subissait une augmentation de volume par suite de l'élévation de la température, augmentaient les inconvénients des lampes alors employées.

Le problème consistait à déplacer le réservoir sans perdre les avantages offerts par une alimentation constante.

Pour résoudre cette difficulté Philippe de Girard plaça le réservoir au-dessous de la mèche. L'huile s'élevait au fur et à mesure de la consommation par une combinaison très simple de tuyaux et d'après les lois de l'équilibre des fluides.

Cette position du réservoir d'huile procurait aux lampes nouvelles une plus grande stabilité, les débarassait de l'ombre incommode que portait littéralement le réservoir des anciens systèmes et rendait inutile le godet de verre, récipient incommode qui trop souvent laissait l'huile se répandre sur les meubles.

MM. de Girard après avoir pris des brevets d'invention pour leurs lampes à la date du 8 prairial an XII et 14 août 1807 proposèrent leurs modèles nouveaux à l'approbation de la classe des sciences physiques de l'institut.

Guyton de Morveau, le célèbre inventeur de la nomenclature chimique, présenta le rapport.

« Le moyen, dit l'illustre savant, par lequel MM. de Girard sont parvenus à supprimer le réservoir latéral dans la construction des lampes est sans contredit des plus ingénieux.

« Les dispositions par lesquelles ils y sont arrivés, aussi savamment combinées que simples dans leurs effets, leur méritent véritablement le titre d'inventeurs, et ils ont su y réunir l'élégance des formes, la décoration des couleurs et des vernis.

« En rendant hommage au génie de l'artiste, on peut quelquefois lui reprocher de n'avoir inventé qu'à son usage, parce que toute machine destinée au service domestique manque son but, si sa conduite n'est pas à la portée de l'adresse commune.

« La lampe de MM. de Girard dont la structure

intérieure est le résultat de tant de combinaisons, n'exige rien de particulier pour son service habituel, si ce n'est de faire sortir l'huile reçue dans le socle ou l'espace inférieur, pendant tout le temps que la lampe a été allumée. »

MM. de Girard adaptèrent à leurs lampes des globes de cristal dépoli, beaucoup plus élégants que les globes de gaze employés avant eux

Cette invention, plus particulièrement due à Frédéric de Girard, obtint un succès immense. Les gravures exécutées sur ces globes ajoutaient encore à l'effet produit et devenaient un gracieux ornement.

Le modèle de la lampe hydrostatique, présenté à l'examen de l'Institut, fut offert à l'École polytechnique, qui l'a conservé.

Le corps des lampes livrées au commerce par Philippe de Girard était confectionné avec les belles tôles vernies pour lesquelles il avait pris un brevet de perfectionnement.

Ce fut à une grande fête donnée par la duchesse de Berg, le 23 septembre 1807, que les lampes de Girard reçurent une première application à l'éclairage de vastes et somptueux appartements.

L'impératrice Joséphine honorait cette fête de sa présence ; le contentement qu'elle fit paraître de la merveilleuse lumière produite par les lampes de Girard fut reporté à l'inventeur par une lettre signée du duc de Bassano.

MM. de Girard s'empressèrent de faire agréer à l'impératrice l'hommage de deux lampes hydrostatiques remarquables par leur élégance. Les dessins figurés sur le corps de la lampe, avaient été composés par un jeune peintre, M. Ingres, qui devait par ses œuvres, comme Philippe de Girard, par ses inventions, acquérir à son nom une glorieuse renommée.

CHAPITRE V

CHAPITRE V

Perfectionnements apportés aux machines à feu.

Depuis plus de cent cinquante ans la machine à feu était l'objet de nombreux essais.

Des perfectionnements très sérieux avaient été introduits, lorsque la Société pour l'encouragement de l'industrie nationale proposa un prix de six mille francs au constructeur qui présenterait une machine à feu dans des conditions de puissance et d'économie déterminées par le programme du concours.

Les concurrents ne devaient pas se borner à fournir des mémoires, des dessins, ou même des modèles en relief ; ils devaient soumettre, au jugement du jury, des machines en état d'agir et de produire l'effet demandé.

Le problème, tel qu'il était posé, consistait

à obtenir *un effet utile avec la moindre dépense possible de matière combustible.*

Le but que se proposait la Société d'Encouragement était d'arriver à remplacer les moteurs animés par la machine à feu et d'appliquer à un établissement quelconque ce qui, jusqu'alors, avait été seulement employé dans de grandes manufactures.

Le concours fut clos dans les premiers jours de l'année 1809.

L'illustre ingénieur Prony, désigné comme rapporteur par la commission porta ce jugement sur la machine présentée par MM. de Girard :

« Le mémoire que MM. de Girard ont fourni, et qui est accompagné de dessins, contient une description claire et détaillée des additions et des changements qu'ils proposent de faire aux diverses parties du mécanisme des machines à feu pour le perfectionner. Ils considèrent successivement l'appareil de la combustion, celui de l'évaporation, celui qui reçoit et transmet l'action de la vapeur, enfin l'appareil de la condensation.

« La partie principale de leur appareil de combustion est un vaisseau de tôle, dont la forme offre l'assemblage de trois cylindres, qui ont le même axe et des diamètres différents ; l'axe commun est vertical quand le vaisseau est en place.

« Le cylindre du milieu a le plus grand et le cylindre supérieur le plus petit diamètre.

« Ce système de cylindres est fermé à sa partie supérieure par un couvercle, et terminé à sa partie inférieure par une grille, au-dessus de laquelle la paroi cylindrique est percée de plusieurs trous sur toute sa circonférence.

« On obtient ainsi un récipient qu'on remplit de combustible et qu'on tient bouché pendant que la combustion, établie à la partie inférieure s'opère. On renouvelle le combustible par en haut, à mesure qu'il se consomme vers la grille.

« Voici maintenant un précis du raisonnement qu'ont fait MM. de Girard pour trouver ou motiver les dispositions des parties de l'appareil qui leur servent à recueillir les principes volatils utiles du combustible.

« La combustion ne peut s'opérer que dans la région voisine de la grille et des trous percés au-dessus de cette grille, puisque ces diverses ouvertures sont les seuls moyens de circulation laissés à l'air ; cependant, la portion de combustible superposée à cette région peut éprouver, par son voisinage du foyer, un grand degré de chaleur capable de le mettre en incandescence, sans que pour cela sa combustion s'opère, parce qu'elle n'est en contact qu'avec de l'air désoxygéné.

« Les principes volatils du combustible pourront donc se dégager avant qu'il arrive au foyer, et en pratiquant au-dessous du couvercle un orifice latéral qui offre une ouverture convenablement réglée, ces principes volatils s'échapperont par cette ouverture ; il ne s'agira donc que de les recueillir dans un réfrigérant, lequel aura, néanmoins, une communication inférieure avec le dessous de la grille, pour y ramener et y mettre en combustion les gaz non coercibles qui auraient pu passer par l'orifice dont on vient de parler.

« MM. de Girard donnent plus d'étendue à ces

raisonnements, dont nous ne présentons ici qu'un extrait fort sommaire.

« Ces concurrents ont aussi fait divers changements au mécanisme de la machine à vapeur. Un des plus importants consiste à économiser une grande partie de la vapeur en ne remplissant pas complétement le cylindre à chaque impulsion, et en profitant de la force expansive de la vapeur introduite pour pousser le piston pendant le reste de sa course.

« La machine sur laquelle on a fait des expériences est à double effet. Elle élève elle-même l'eau de condensation ; la condensation s'y fait extérieurement, en sorte que c'est toujours la même eau qui retourne à la chaudière, ce qui évite les dépôts (1). »

La Société pour l'encouragement de l'industrie nationale décerna une médaille d'or aux frères de Girard.

Depuis cette époque, deux ingénieurs, l'un américain et l'autre anglais, qui reproduisirent, en 1815 et en 1819, les perfectionnements réunis

(1) *Bulletin de la Société d'encouragement pour l'industrie nationale,* 9e année, juin, 1810, p. 135.

dans le modèle dont on vient de lire la description, obtinrent dans leur pays une grande réputation.

Il est possible cependant de retrouver dans les archives du Conservatoire des Arts-et-Métiers de Paris la preuve que l'honneur de ces inventions appartenait à la France (1).

Les inventions décrites dans les deux chapitres qu'on vient de lire : lampes hydrostatiques, globe de verre dépoli, tôles vernies, machines à feu perfectionnées avaient presque toutes figuré à la grande exposition de 1806.

Philippe de Girard exposait encore une lunette achromatique où un liquide remplaçait le flint-glass.

Malgré tant de titres pour obtenir une récompense du premier ordre, le jury ne décerna qu'une médaille d'argent à Philippe de Girard.

La modicité de la distinction étonna ses amis

(1) M. Christian, directeur du conservatoire des Arts-et-Métiers, et par conséquent dépositaire des archives des brevets d'invention, a eu le tort de publier ces inventions sous le nom d'ingénieurs étrangers, au lieu de rechercher dans la table des brevets mes titres antérieurs.

(NOTES *laissées par Ph. de Girard.*)

et attrista l'inventeur. Monge protesta contre la décision du jury d'examen par une parole qui valait, aux yeux de Philippe de Girard, la médaille d'or :

« Mon ami, lui dit l'illustre fondateur des principes de la géométrie descriptive, sachons nous résigner au jugement incomplet de nos œuvres. »

CHAPITRE VI

CHAPITRE VI

Invention de la filature mécanique du lin

La filature mécanique du lin n'existait pas en 1809.

Les Anglais la cherchaient sans parvenir à découvrir les véritables procédés.

En France, les essais tentés étaient restés inutiles.

Napoléon animé de la volonté de donner à son empire la puissance industrielle que les dévorantes nécessités de la guerre lui refusaient, pensa qu'il devait créer une base d'opulence mercantile capable de supporter le poids de la concurrence produite par le progrès inoui du tissage du coton en Anglèterre.

Dans ce but, l'empereur rendit un décret proposant à l'Europe scientifique la recherche du problème de la filature mécanique du lin.

Monge fut nommé rapporteur du jury chargé d'organiser le concours ouvert en exécution du décret du 7 mai 1810.

Les lignes suivantes, extraites d'un discours qu'il prononça à cette occasion, montrent quel haut intérêt était attaché à la solution cherchée.

« L'Empereur, animé d'une constante sollicitude pour tout ce qui peut agrandir le domaine de notre industrie, a pensé qu'en encourageant la filature du lin, il encourageait aussi la culture de cette plante, et qu'on pourrait en obtenir des résultats aussi étendus que ceux qu'on obtient du coton.

« Sa Majesté a pensé, en même temps, qu'il convenait de stimuler l'industrie des Français sur cet objet, qui tient de si près à la prospérité nationale.

« Elle a offert une récompense d'un million de francs à celui qui aura vaincu la difficulté, et qui obtiendra une économie de main-d'œuvre telle que l'on puisse se procurer à des prix avantageux les plus beaux tissus de lin.

« Cette magnifique récompense donne la

mesure de l'intérêt que le chef de l'État prend au progrès de l'agriculture, des arts et du commerce, et nous démontre, en même temps, qu'il sait mieux que personne que dans tous les arts les encouragements doivent être déterminés, non seulement d'après leur utilité, mais encore d'après les difficultés qu'ils présentent. »

Au moment où l'esprit d'invention était ainsi sollicité par le décret impérial, Philippe de Girard se trouvait à Lourmarin, au sein de sa famille, goûtant un repos que six années consacrées à des études ardentes lui avaient rendu nécessaire.

La famille de Girard se trouvait réunie pour le déjeuner lorsque le *Moniteur* apporta la nouvelle du décret.

« Philippe, voilà qui te regarde, » dit M. de Girard en tendant à son fils la feuille officielle.

L'homme de génie de la famille reçut respectueusement le journal des mains de son père et lut le décret ainsi conçu :

Au palais de Bois-le-Duc, le 7 mai 1810.

« Napoléon, empereur des Français, roi d'Italie, protecteur de la confédération du Rhin, médiateur de la confédération Suisse, etc.

« Portant un intérêt spécial aux progrès des manufactures de notre empire dont le lin est la matière première ;

« Considérant que le seul obstacle qui s'oppose à ce qu'elles réunissent la modicité des prix à la perfection de leurs produits résulte de ce qu'on n'est point encore parvenu à appliquer des machines à la filature du lin comme à celle du coton ;

« Nous avons décrété et décrétons ce qui suit :

« Article. 1er. — Il sera accordé un prix d'un million de francs à l'inventeur, de quelque nation qu'il puisse être, de la meilleure machine propre à filer le lin.

« Art. 2. — A cet effet, la somme d'un million est mise à la disposition de notre ministre de l'intérieur.

« Art. 3. — Notre présent décret sera traduit dans toutes les langues et envoyé à nos ambassadeurs, ministres, consuls dans les pays étrangers pour y être rendu public.

« Art. 4. — Nos ministres de l'intérieur, du trésor et des relations extérieures sont chargés de l'éxécution du présent décret.

« Signé : NAPOLÉON.

« Pour l'Empereur :
« *Le ministre Secrétaire d'Etat,*
« Signé : H.-B., duc de Bassano. »

L'importance du problème proposé par l'Empereur à l'Europe entière, la magnificence de la récompense promise, tout dans les décrets qu'il venait de lire était de nature à enflammer l'imagination ardente de Philippe de Girard ; et sans s'arrêter un instant à cette pensée qu'il ne s'était jamais occupé d'études ayant rapport aux procédés mécaniques appliqués à la filature du lin, le jeune savant se consacra tout entier à la recherche de la solution demandée.

Sa première pensée fut de se livrer à l'examen minutieux de ce qu'on avait essayé et trouvé avant le décret ; mais une réflexion plus attentive lui fit pressentir que rien de satisfaisant n'avait dû être découvert et qu'il devait tout demander à ses propres inspirations.

L'appel fait aux hommes de science, le milion promis ne proclamaient-ils pas assez haut le néant de tous les moyens tentés ?

On avait cru jusqu'alors, qu'il n'y avait rien de mieux à faire pour parvenir à filer le lin mécaniquement, que de se rapprocher le plus exactement possible des procédés usités pour le coton.

Le génie de Philippe de Girard lui dit qu'il devait prendre son point de départ dans les opérations manuelles de la fileuse elle-même.

Comment remplacer l'action incessante des doigts qui vont chercher dans la poignée de lin les brins nécessaires, les démêlent et les tendent régulièrement ? Le lin, en dépassant un certain degré de longueur, pourrait-il résister, sans se briser, à l'action d'une force mécanique ?

Philippe de Girard, absorbé dans ses méditations, penché sur sa table de travail, détrempe du lin dans un verre d'eau, le triture entre ses doigts, le transforme patiemment en une substance nouvelle susceptible d'être étirée ; la loupe lui permet de voir que les filaments dégagés les uns des autres sont composés de fibrilles d'une ténuïté qui les rend presque imperceptibles à l'œil nu ; le microscope les lui montre sous la forme d'un ruban transparent, poli, brillant, terminé par deux pointes effilées.

Est-il possible d'allonger, d'amincir encore ces brins sans les casser ?

L'eau vient de nouveau jouer son rôle ; le regard rayonnant de bonheur, Philippe tient suspendues ces fibrilles de lin, il les humecte d'eau et peu à peu, la matière glutineuse qui les réunit devient plus molle ; les fibrilles glissent les unes sur les autres dans le sens de leur longueur, les brins s'amincissent de plus en plus et résistent sans se briser, à un mouvement de torsion.

La nuit fut consacrée à ces tentatives couronnées de succès.

L'heure du déjeuner venue, la famille réunie comme la veille remarquait avec anxiété l'air radieux de son enfant bien-aimé.

L'inventeur courut au-devant de son père, l'embrassa avec effusion en s'écriant :

« Mon père, le million est à moi, il est à nous. »

Puis, reproduisant devant sa famille, l'expérience qu'il avait fait réussir dans le silence de la méditation, Philippe saisit quelques brins de lin humide, les fit glisser les uns sur les autres, en leur imprimant un léger mouvement de rotation, jusqu'à ce qu'il eût formé un fil d'une finesse merveilleuse.

« Ce que je fais avec mes doigts, ma machine le fera, et ma machine est trouvée. »

Ce cri n'était pas l'expression d'une confiance exagérée dans le résultat de ses combinaisons, et dès le 18 juillet 1810, Philippe de Girard prenait son premier brevet d'invention relatif à la filature mécanique du lin.

Deux principes fondamentaux, entièrement inconnus, s'y trouvaient énoncés.

Le premier était l'étirage à sec, au moyen de séries de peignes sans fin, à charnières mobiles, distribuant uniformément, sur une longeur indéfinie, les brins de lin peigné, sans altérer leur parallélisme.

Le second, qui devait rendre possible la filature mécanique du lin jusqu'à un degré illimité de finesse, était la décomposition du lin en ses

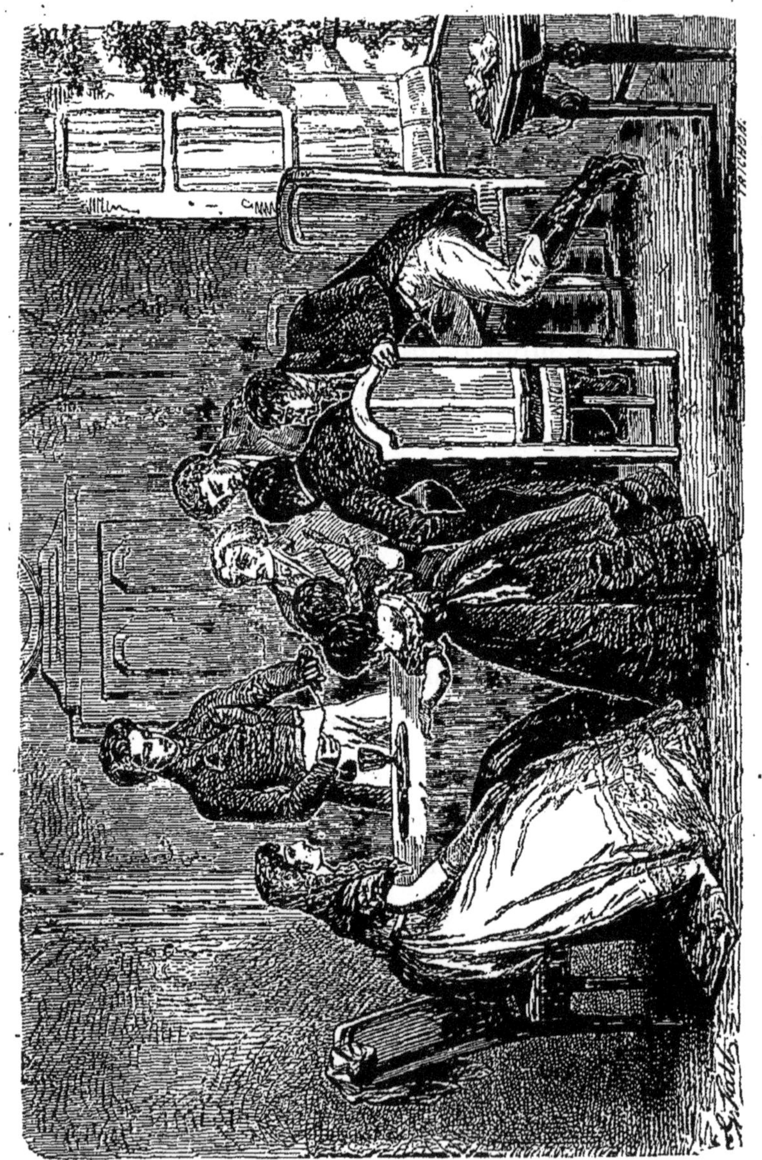

Ce que je fais avec mes doigts, ma machine le fera et ma machine est trouvée.

fibres élémentaires. L'immersion, soit dans une lessive alcaline, soit simplement dans l'eau froide ou chaude, produisait cette décomposition.

Le lin se transformait en une substance nouvelle, qui pouvait être étirée entre des cylindres rapprochés.

Philippe de Girard travailla sans cesse au perfectionnement de son invention ; des brevets nouveaux complétèrent la description des machines et des procédés mis en usage.

CHAPITRE VII

CHAPITRE VII

Application de la filature mécanique du lin à Paris. — Établissements de la rue Vendôme et de la rue Meslay. — Invention des armes à vapeur.

Le problème de la filature mécanique du lin résolu, Philippe de Girard avait encore à faire triompher sa découverte sur le théâtre des grands succès.

Un établissement à Paris semblait indispensable pour assurer le triomphe de l'invention.

Confiante dans le génie de son enfant et dans la promesse solennelle du gouvernement de l'empereur, la famille de Girard s'imposa les sacrifices que l'établissement d'ateliers appropriés à la filature mécanique du lin devait exiger.

Philippe de Girard comptait d'ailleurs trouver, si cela lui devenait nécessaire, des appuis près du ministre de l'intérieur.

Une lettre par laquelle les frères de Girard avaient fait hommage à l'empereur de leur découverte inspirait à la famille l'espérance que son nom n'était pas resté ignoré.

Traduisant des sentiments d'ardent patriotisme et de noble abnégation, cette lettre était ainsi conçue :

« Sire,

« Depuis vingt ans, l'Angleterre travaillait vainement au grand problème de la filature mécanique du lin, et, depuis plus de dix ans, les machines inventées par les Anglais étaient entre les mains de nos mécaniciens ; cependant le problème n'était point résolu et l'inutilité de tant de tentatives semblait prouver que sa solution était impossible.

« Mais Votre Majesté a dit : *Le mot impossible ne doit pas exister pour des Français*, et Elle a proposé à tous les savants de l'Europe un prix immense, digne de la grandeur des résultats qu'elle désirait.

« *Quand votre Majesté le proposait à l'Europe elle ordonnait aux Français de le mériter.*

« Nous avons entendu votre voix, Sire.

« Sans nous occuper de nos chances personnelles de fortune, nous avons songé à notre patrie et nous déposons à vos pieds le résultat heureux de nos efforts. Quelques brins de fil sont l'hommage que vos fidèles sujets présentent à Votre Majesté ; entre vos mains puissantes, ces fils peuvent briser les câbles de nos ennemis. . . . .

« Sire, une découverte aussi importante, qui peut influer avec puissance sur la prospérité publique et sur la balance du commerce, devait être, dès son début, et sans attendre le terme du concours, soumise à Votre Majesté, car c'est à Elle à ordonner ce que nous devons faire . . . .

« Nous ne voudrions pas que Votre Majesté pût croire que le hasard est pour quelque chose dans notre découverte.

« Ses difficultés étaient de celles que le travail seul ne peut résoudre ; il fallait une idée neuve, qui changeât entièrement la marche adoptée ; cette idée s'est présentée à nous, et nous venons prier Votre Majesté de jeter les yeux sur l'état succint et les dessins que nous joignons à ce mémoire copie du brevet que nous avons pris dès le 18 juillet 1810. . . . .

« Les diverses inventions que nous avons faites, jusqu'à ce jour, et qui nous ont valu les témoignages d'estime d'une foule de sociétés savantes de toutes les nations, vous prouveront, Sire, qu'une longue suite de recherches difficiles nous avait préparés à celle que Votre Majesté ordonnait et que le succès a couronnée.

« Sire, notre première, notre plus glorieuse récompense, est d'avoir les premiers, et *peut-être les seuls*, répondu à l'appel et rempli les ordres de votre Majesté, et de nous être, par notre zèle montré dignes à la fois de notre souverain et de notre patrie. . . . . .

« Philippe de GIRARD.
« Frédéric de GIRARD. »

Dès les premiers jours de son arrivée à Paris, Philippe de Girard s'était mis en rapport avec un horloger renommé par son habileté merveilleuse : M. Henriot, depuis directeur de l'École des Arts-et-Métiers de Châlons. Sur les dessins qui lui furent confiés, M. Henriot construisit une machine de douze broches, avec toute la délicatesse d'une pièce d'horlogerie, ce mécanisme produisit des fils de la plus grande finesse.

Les échantillons filés sur cette petite machine furent présentés au ministre Chaptal et son approbation fut telle que le succès de l'invention ne pouvait plus paraître douteux.

Le concours ouvert par le décret de 1810 devait être fermé le 17 mars 1813.

Appliquer, dès 1811, son invention, et se présenter en 1813, non plus seulement avec une machine réduite aux proportions d'un jouet d'enfant, mais avec des ateliers en pleine exploitation, cela semblait à Philippe de Girard une entreprise digne du problème poursuivi et de nature à lui conquérir le prix proposé.

Assuré de l'appui de sa famille, secondé par son frère Frédéric, Philippe de Girard fonda une première fabrique rue Meslay.

Cette filature comptait deux mille broches.

Le calcul des dépenses énormes qu'exigèrent les essais peut se concevoir quand on songe au capital que nécessite l'établissement d'une filature, maintenant que la route est tracée.

Un homme savant et plein d'initiative, qui devait plus tard occuper la chaire de géologie à la faculté des sciences de Paris et une place éminente à l'Institut, M. Constant PRÉVOST, seconda de ses encouragements et de ses capitaux les entreprises de son ami Philippe de Girard.

M. Prévost donna plus particulièrement ses soins à l'établissement de filature établi rue de Charonne.

Dès cette époque, l'inventeur avait plus que satisfait aux conditions du problème proposé.

Les événements politiques de 1813 ne permirent pas aux membres du jury, chargés d'examiner les pièces du concours et appelés des divers grands centres manufacturiers de France de se réunir à Paris.

Le prix que l'inventeur avait considéré comme conquis depuis deux années, ne venant pas répondre à tant de sacrifices au moment fixé par ses espérances, il en résulta une perturbation profonde dans les affaires de sa famille, et un créancier, spéculant sur les sacrifices nouveaux qu'elle ne manquerait pas de s'imposer pour tirer son fils bien aimé de prison; répondit à une demande de délai par une prise de corps contre Philippe de Girard.

L'inventeur de la filature mécanique du lin, à qui le prix d'un million était dû, fut conduit à la prison pour dettes. Mais, semblant oublier le malheur de sa situation personnelle, imposant silence à la profonde douleur que lui causait la mort récente de son frère Camille, Philippe de Girard ne songeait qu'aux revers éprouvés par son pays. Plein d'anxiété sur l'issue de la lutte gigantesque soutenue par la France contre l'Europe coalisée, il demandait à son esprit inventif les moyens de rétablir l'égalité dans cet immense et dramatique combat.

Le caractère du génie de Philippe de Girard fut de répondre, avec un merveilleux à propos, aux nécessités du moment.

La France se trouvait épuisée de soldats, on manquait de munitions ; il inventa dans sa prison une machine à l'aide de laquelle quelques hommes pouvaient produire l'effet meurtrier d'une compagnie entière.

La lettre qui apprenait à son frère Frédéric

cette nouvelle invention portait la date du 13 février 1814.

« Vous savez déjà par le *Moniteur* la victoire de Montmirail. Vous ne pouvez vous faire une idée du changement que ce succès de nos armes vient d'opérer dans l'esprit des Parisiens ; l'enthousiasme est à son comble.

« Dans la disette d'armes et de soldats où se trouve la France, je viens d'inventer une nouvelle machine de guerre, qui, armée de six canons de fusil, tire avec chacun, trente coups par minute sans poudre.

» Quatre hommes peuvent facilement faire mouvoir cette machine.

« Le temps s'est écoulé avant que l'administration chargée d'examiner ces choses fut prête pour les expériences ; mais il est vrai qu'on présente chaque jour tant de projets extravagants que ces messieurs ne se dérangent qu'avec répugnance. L'examen a été favorable.

Le ministre de la guerre nous a commandé une machine à six canons (1) ».

(1). Le dossier relatif aux armes à vapeur se trouvait encore aux archives de la guerre, en 1857, département de

Je viens d'inventer une nouvelle machine de guerre.....

Les expériences avaient été faites par ordre de l'Empereur en présence d'une commission composée du duc de Rovigo, du duc de Bassano, du général Gourgaud et de plusieurs officiers d'artillerie. La machine modèle tirait cent soixante coups par minute, perçait à dix pas la tôle à cuirasses, et à cent pas une planche de quatre centimètres d'épaisseur.

Dès que l'intervention de sa famille eût dégagé Philippe de Girard de la prison pour dettes, il s'empressa de suivre très activement ces expériences. Dans les derniers jours du mois de mars 1814, il revenait d'une des séances du comité chargé d'essayer sa nouvelle machine de guerre, lorsqu'un attroupement formé près du Pont-Royal fixé son attention ; on lisait la proclamation que le roi Joseph adressait aux Parisiens pour les appeler à la défense de leurs foyers.

L'ennemi s'avançait à marches forcées. Philippe de Girard mit à l'achat d'un fusil la dernière pièce d'or que la ruine de ses établissements avait laissée dans sa caisse, et le lendemain il campait aux côtés de ses amis, MM. Constant Prévost et Ho-

l'artillerie sous le n° 6,146 et avec le titre : Fusils à vapeur, Girard frères, 1814.

race Vernet, sur les hauteurs de Montmartre.

Lorsque l'héroïsme de l'armée et des généreux citoyens associés à la défense de la capitale eût succombé sous le nombre des alliés, la prudence commanda de ne pas laisser tomber aux mains de l'ennemi des armes que la défense du pays pouvait encore réclamer ; et, tandis que le matériel des armées du maréchal Marmont et du duc de Trévise sortait de Paris, le comité d'artillerie faisait démonter la machine de guerre de Philippe de Girard.

Quant aux plans et aux dessins de détail, l'inventeur les avait confiés à des mains qu'il croyait fidèles ; ils ne se retrouvent plus aujourd'hui, bien qu'on ait lieu de croire qu'ils existent chez les héritiers du constructeur-mécanicien qui les avait reçus.

La machine de Philippe de Girard, malgré la destruction commandée par suite de l'occupation de Paris, n'en a pas moins survécu dans l'histoire des armes de guerre. M. le général Paixhans, qu'on pourra toujours citer comme faisant autorité en ces matières, écrit dans un de ses ouvrages sur l'artillerie (1) :

(1) *Nouvelle force maritime*, chapitre XIII, p. 45 et suivantes. Bachelier, libraire, 1822.

« En 1814, les alliés entrant en France, il fut présenté une foule d'inventions dont presqu'aucune ne méritait un sérieux examen.

« Parmi ces inventions, le gouvernement distingua cependant celle de M. de Girard, qui avait réussi à lancer des balles assez loin au moyen de la vapeur. Je fus chargé de suivre les essais, et il devait en résulter une machine de guerre composée de six canons de fusil, montés sur un affût, dont l'avant-train aurait porté le charbon et les balles. Cette machine lançait 180 projectiles par minute, et il suffisait, pour toute manœuvre, d'entretenir le feu du fourneau, de verser les balles dans une trémie et de tourner une manivelle dont la rotation ouvrait et fermait alternativement le passage de la vapeur.

« La construction était simple et la nature du moteur avait fait obtenir ces propriétés remarquables : quand le but était très éloigné, en tournant lentement la manivelle, la vapeur s'accumulait et on obtenait de grandes portées pour un petit nombre de balles ; et, quand le but se rapprochait, on obtenait, en accélérant le mouvement de la manivelle, une moindre portée, mais la projection d'un plus grand nombre de balles ; enfin quand on était très près du but, en tournant la manivelle avec rapidité, il s'échappait une infinité de balles qui portaient à la vérité peu loin, mais qui convenaient à ce moment du combat où on a plus besoin du grand nombre des projectiles que de leur choc ou de leur grande portée. »

Dans le travail explicatif de ses dessins, Philippe de Girard indiquait, pour dernière ressource, que si l'ennemi parvenait jusqu'à la machine, on pouvait s'en faire un moyen suprême de défense en déterminant son explosion (1).

L'anglais Perkins fit grand bruit, vers 1826, de cette invention des armes à vapeur, dont il s'attribuait l'honneur.

Les journalistes français, pour rétablir la vérité des faits, ouvrirent le livre du général Paixhans, et citèrent le passage qu'on vient de lire.

(1) M. le général Paixhans parle encore de l'immense parti qu'on pourrait tirer de cette invention en employant, pendant les combats sur mer, la force motrice des navires à vapeur au service de cette artillerie. Lors de la guerre de Crimée, les héritiers de Girard rappelèrent au gouvernement cette invention de leur oncle.

CHAPITRE VIII

CHAPITRE VIII

Philippe de Girard est forcé de quitter la France. — Fondation de l'établissement d'Hirtenberg.

Au deuil public, né de l'occupation de la France par les alliés, s'ajoutait le désespoir des ruines particulières.

L'industrie, manquant de bras et de capitaux, rentrait dans le néant d'où l'avaient fait sortir les premières années de prospérité du siècle naisant.

Profondément atteinte, la fortune de la famille de Girard ne pouvait plus rien donner à la filature mécanique du lin.

Aux prises avec des embarras insurmontables, Philippe écrivait à son frère Frédéric : « Toutes nos ressources sont épuisées ; nos fabriques sont fermées comme les autres. Voilà bien des difficultés ; la principale vient des cinquante mille francs d'intérêts, dont nos dettes vont s'augmenter chaque année. »

L'âme de Philippe de Girard était assez haute pour se tenir élevée au-dessus de la perte de sa fortune, et, lorsque l'impitoyable rigueur d'un de ses créanciers avait été poussée jusqu'à le faire emprisonner pour n'avoir pas satisfait à des engagements que la situation déplorable des affaires rendait inexécutables, on ne l'avait pas vu perdre un instant sa fermeté d'esprit habituelle.

La ruine de ses associés, qui avaient eu confiance dans l'invention de la filature mécanique du lin, le préoccupait beaucoup plus que son propre malheur.

Que deviendraient désormais les applications de sa découverte ?

Nulle prudence humaine ne pouvait pressentir le terme des désastres qui accablaient le pays.

Courbé sous le poids de ses pénibles réflexions, Philippe de Girard passait ses journées entières dans ses ateliers abandonnés.

Tantôt, le front incliné vers son œuvre immobile, l'inventeur interrogeait le mécanisme de ses métiers comme pour y découvrir des améliorations nouvelles ; tantôt son imagination fuyant la tristesse de la réalité, faisait luire à son esprit l'espérance de jours meilleurs.

Ce fut au millieu d'une de ces heureuses rêveries, qui lui faisaient oublier pour un instant les nécessités du présent, que le surprit la visite de son associé, M. Constant Prévost ; des officiers attachés à la personne de l'empereur d'Autriche l'accompagnaient.

Au bruit que firent les visiteurs en pénétrant dans l'atelier, Philippe de Girard s'empressa de chercher un refuge derrière le plus élevé de ses métiers ; il désirait l'ombre pour sa douleur.

« Veuillez rester, Monsieur l'homme de génie, s'empressa de dire l'officier autrichien que précédait M. Constant Prévost ; c'est vers vous que l'empereur, notre maître, nous envoie. »

L'empereur d'Autriche faisait proposer à l'inventeur de la filature mécanique du lin de doter ses États de cette découverte. La réponse de Philippe de Girard fut : « Mon invention appartient à mon pays. »

A côté de cette noble résolution s'élevèrent

des nécessités irrésistibles. Des démarches tentées auprès du gouvernement nouveau faisaient naître la triste certitude qu'il ne viendrait pas au secours de l'inventeur.

Les associés de Philippe de Girard avaient compromis une grande partie de leur fortune pour assurer le succès de la filature du lin ; s'il lui était permis de s'ensevelir courageusement sous les ruines que la rigueur des événements léguait à son génie, le droit de faire partager son malheur aux hommes qui avaient suivi sa foi ne lui appartenait pas.

Les créanciers de Philippe de Girard annonçaient l'intention de recourir de nouveau à la contrainte par corps, et l'acceptation des propositions du gouvernement autrichien était une condition mise par eux à sa liberté.

Sauver ses associés de la ruine, protéger sa liberté, conserver et développer son invention : tels furent les motifs puissants qui déterminèrent Philippe de Girard à se rendre aux offres proposées.

Un acte de société fut signé, le 24 octobre 1815, entre Philippe de Girard, ses associés et le représentant de l'empereur d'Autriche.

L'inventeur se réservait la faculté de publier en France, les perfectionnements qu'il pourrait introduire à la filature mécanique du lin, sans que l'Autriche pût prétendre avoir un droit exclusif à la jouissance de leurs avantages.

Les machines de la fabrique établie rue Meslay étaient achetées pour être transportées à Vienne. Celles de la rue de Vendôme restaient confiées au frère aîné de Philippe, à Joseph de Girard, député de Vaucluse, qui devait s'efforcer de les faire accepter par le gouvernement français, et d'en conserver l'utile application à l'industrie.

Dès leur arrivée à Vienne, les machines furent exposées à l'école du génie.

Par ordre de l'empereur d'Autriche, Philippe de Girard reçut les fonds nécessaires à l'établissement d'une première filature près de Vienne, au village d'Hirtenberg. Un atelier de construction de machines à filer le lin devait être annexé à l'usine.

Deux années s'écoulèrent avant le complet achèvement des travaux d'organisation.

Le 9 avril 1817, un examen solennel des machines et de leurs produits fut fait par une haute commission nommée par le gouvernement et composée de fabricants fileurs de Bohême, des professeurs de mécanique de Vienne, du directeur de l'Institut polytechnique et de plusieurs députés de la Chambre aulique.

Le procès-verbal de l'examen constata : que l'invention de la filature mécanique du lin, par mécanique était complète, qu'elle était due à M. Philippe de Girard ; qu'aucune machine, jusqu'alors connue, ne pouvait être comparée aux siennes ; qu'elles avaient filé, en présence des commissaires, du lin de Bohême apporté par eux.

Pendant que les procédés de la filature mécanique du lin obtenaienten Autriche l'approbation solennelle des corps spéciaux, le nouveau directeur du Conservatoire des Arts et Métiers de Paris, M. Christian, donné pour successeur au savant M. Molard par le gouvernement de la Restauration, adressait au ministre du commerce un rapport sur les machines proposées au gouvernement français par M. le député de Girard au nom de son frère.

La filature mécanique du lin, selon M. Christian, ne devait pas offrir *d'avantages notables*.

Le rapporteur méconnaissait le grand intérêt qui devait s'attacher à cette industrie.

La création de nouvelles et immenses ressources pour l'agriculture, la concurrence faite à l'étranger, la filature rendue moins coûteuse, toutes ces considérations n'étaient pas entrevues par le rapporteur.

L'intelligence même des procédés préparatoires et du mécanisme lui avait fait défaut : il conclut au refus.

La persistance de Joseph de Girard parvint, dans une certaine mesure, à triompher du peu de sagacité de M. Christian.

L'achat de machines ne fut pas, il est vrai, résolu, mais le ministre consentit à faire à MM. de Girard un prêt de huit mille francs, à charge par eux de fournir hypothèque sur des biens libres !...

A ces propositions, la famille de Girard, ruinée pour avoir suivi la foi du décret de 1870, ne pouvait répondre que par les actes d'expropriation de ses biens de Provence.

Détournons les regards des combinaisons de l'esprit bureaucratique, sous l'influence desquelles les plus fécondes entreprises s'amoindrissent ; n'exhumons pas des archives du ministère du commerce des correspondances et des rapports qui révèlent une honteuse impéritie ; souhaitons aux hommes de génie de porter tout avec eux ; forcés de recourir aux administrations, ils s'épuiseront le plus souvent en démarches stériles. Nous allons retrouver avec plus de satisfaction les ateliers de construction d'Hirtenberg en pleine prospérité.

Les filateurs de Bohême et de Moravie ne tardèrent pas à se munir d'assortiments de métiers pour les établir dans leurs manufactures. Cette province fit, à elle seule, des commandes d'assortiments qui atteignirent le chiffre de deux mille.

En Saxe, M. Krans établit à Chemnitz une filature avec les métiers de Girard. Les procédés de filature mécanique du lin ne tardèrent pas à être appliqués dans plusieurs fabriques de Silésie.

Hirtenberg paraissait renfermer tous les éléments de succès ; mais sous cette condition que les ateliers de construction de machines occuperaient la première place, tandis que la filature deviendrait de plus en plus la partie accessoire.

Philippe de Girard signalait, en effet, comme cause multiple d'insuccès de cette branche de l'exploitation, l'éloignement des provinces produisant le lin, l'absence de bons ouvriers fileurs, le haut prix de la main-d'œuvre aux portes d'une grande ville, l'augmentation du nombre de filatures en Bohême et en Moravie, provinces riches en culture du lin, peuplées d'habitants pauvres, habitués à des salaires modestes : « Chaque machine qui sort d'Hirtenberg, disait-il, nous crée un concurrent au point de vue de la filature ; construisons des machines, mais fabriquons le moins de fil possible. »

Ces sages conseils n'étaient pas écoutés. L'établissement d'Hirtenberg, comme entreprise commerciale, cessa d'offrir des avantages.

Quoiqu'il en fût, l'examen de cet établissement par la Commission impériale, le 9 avril 1817, constata le succès des procédés de filature appréciés au point de vue de la perfection des machines.

Un peu plus tard, Philippe de Girard améliorait son système par l'adjonction de la filature des étoupes. Il annonçait ce résultat à son frère Joseph, dans une lettre datée du 30 septembre 1817.

« J'ai le bonheur de vous apprendre que je viens de compléter la branche d'industrie que j'ai créée, en joignant à la filature du lin celle des étoupes.

« Cette importante addition double les avantages de nos procédés ; car maintenant toute la matière brute, qui entre dans la fabrique, en sort sous forme de lin, au lieu qu'auparavant il fallait trouver le débouché des étoupes et des déchets, qu'on était obligé de vendre à vil prix.

« Le succès des machines que j'emploie à cette nouvelle filature dépasse mes espérances ; le fil obtenu des étoupes ne diffère presque pas de celui fait avec le lin et il est incomparablement plus beau que celui que les meilleures fileuses pourraient en tirer. »

En résumé, les perfectionnements introduits par Philippe de Girard dans le système de la filature mécanique du lin, pendant les premières années de son séjour en Autriche, consistèrent en sa première machine à peigner et en une série de machines à démêler, rubaner et filer les étoupes. Ces diverses inventions furent consignées en France dans des brevets pris par Joseph de Girard et décrits dans le tome XII des *Brevets d'invention.*

Les inondations que la vallée d'Hirtenberg subissait entravaient la marche de la manufacture ; ces empêchements avaient conduit l'esprit de Philippe de Girard à trouver une nouvelle vanne et un nouveau régulateur pour rendre le mouvement des roues hydrauliques uniforme, malgré les variations des résistances.

L'emploi d'un dynanomètre, perfectionné par lui, précisait, avec une rigueur mathématique, la somme des actions d'une force qui varie à chaque instant.

Ce fut encore vers cette époque (1818), que Philippe de Girard inventa les générateurs de vapeur composés de tubes étroits pour rendre les explosions moins dangereuses. Un appareil de ce genre fut employé sur le premier bateau à vapeur qui navigua sur le Danube.

Construit sous la direction de Philippe de Girard, ce bateau fut soumis à une expérience publique, ainsi racontée par le grand ingénieur à à son frère Joseph (1).

« Je suppose, mon cher ami, que vous devez attendre avec impatience des nouvelles de notre voyage ; je m'empresse de vous annoncer que nous arrivons à Pesth, après vingt heures de marche, malgré un vent contraire presque continuel. La machine fonctionne parfaitement.

« Nous avons trouvé à Presbourg un concours immense de monde réuni ; nous avons eu la satisfaction d'exécuter, en décrivant un cercle complet au-dessous du pont, une manœuvre qui a excité les acclamations de la foule.

« Nous sommes arrivés à Pesth vers midi, et là nous avons accompli plusieurs fois de suite des évolutions considérées comme difficiles.

(1) Le premier essai de navigation à vapeur avait été tenté par Denis Papin, en 1707 ; Lielkens en Angleterre (1724); le marquis de Jouffroy en France, (15 juillet 1783), Fulton d'abord à Paris (1803), puis en Amérique (aout 1807), avaient précédé l'expérience tentée sur le Danube. (Voyez *Biographies des grands Inventeurs*, section «Vapeur» p. 16 et suivantes, par Gabriel DESCLOSIÈRES. — Pigoreau, éditeur, Paris.

« L'archiduc était à bord du vaisseau. »

La santé de Philippe de Girard s'était altéreé sous l'influence des grandes fatigues imposées par de si nombreux travaux accomplis depuis neuf années ; il souffrait de la nostalgie, une grave maladie de cœur s'était déclrée. Les soucis causés par la situation des affaires de sa famille en France, la mort de son frère Frédéric, arrivée en 1819, venaient s'ajouter à ces causes de douleur. Le régime des eaux lui fut conseillé ; il partit pour Bade.

Pendant le séjour du grand ingénieur en Allemagne, il se lia avec le chevalier Bouquet, secrétaire du prince russe Lubecki, ministre des finances pour le royaume de Pologne.

L'influence de cette amitié devait appeler Philippe de Girard à de nouvelles destinées.

CHAPITRE IX

CHAPITRE IX

Philippe de Girard devient ingénieur en chef des mines de Pologne. Comment il découvre que la vente frauduleuse de ses procédés de filature mécanique du lin a été consentie à des industriels anglais.

Inventer était une loi de la nature de Philippe de Girard. Son être ne s'épanouissait dans d'heureuses conditions qu'autant qu'il était mis à même de produire.

Les détails de l'administration d'une manufacture complètement organisée fatiguaient son activité, sans apporter de satisfaction à son esprit ; d'un autre côté, la résistence des administrateurs d'Hirtenberg à suivre ses vues, paralysait ses conceptions et lui causait de sérieux ennuis.

Cette situation morale n'avait pas échappé au chevalier Bouquet. De retour en Russie, le nouvel ami de Philippe de Girard avait fait entrevoir au ministre des finances l'immense parti que le gouvernement saurait tirer des vastes connaissances de l'ingénieur français.

Le chevalier Bouquet fut autorisé à sonder les dispositions de Philippe de Girard, et, quelques mois après avoir quitté le séjour de Bade, il recevait la lettre suivante :

« Varsovie, le 4 janvier 1825.

« Mon cher Monsieur de Girard,

« Vous pardonnerez à mon amitié l'indiscrète recherche des causes qui produisaient, pendant votre séjour à Bade, les instants de tristes préoccupations dont votre esprit paraissait assombri.

« Si les détails fastidieux d'une fabrication, que vous avez portée à son dernier dégré de perfectionnement, commençaient à vous rebuter par leur monotonie, si vous vous sentiez animé du désir d'employer vos connaissances d'une manière plus brillante, plus variée, écoutez ce que j'aurais à vous proposer :

« L'empereur, jaloux de donner à l'industrie, dans le royaume de Pologne, un essor qui le mette à même de décliner le patronage étranger, a le plus grand besoin d'un homme habile, qui ait de grandes connaissances en mécanique.

« Dans ce moment surtout, les mines de plomb, de fer, de zinc et de charbon pourraient former un établissement d'un intérêt majeur.

« Si donc une raison quelconque pouvait vous déterminer, vous n'auriez qu'à me faire parvenir vos propositions ; vous seriez sous les ordres immédiats du ministre des finances, et employé à visiter les manufactures, les mines et à exécuter les plans d'amélioration que vous auriez conçus.

« Les bienfaits que vous pourriez verser sur le royaume seraient immenses ; la science vous devrait des progrès incalculables. »

Offrir à Philippe de Girard la perspective de la lutte contre des forces à soumettre par la puissance de la méditation et de l'invention, c'était lui promettre un avenir plein de ces fécondes et généreuses jouissances qui avaient accompagné chacune de ses inventions.

Son esprit s'ouvrit, avec entraînement, aux propositions qui lui étaient adressées.

Cependant le caractère de cette fonction d'inspecteur général d'industries si différentes les unes des autres ne lui permit pas d'accepter, tout d'abord, les offres qui lui étaient faites dans des termes aussi généraux,

« J'aimerais, répondait-il, à voir ma mission déterminée d'une manière plus précise, vous m'appelez à une universalité qui m'effraye » Le chevalier Bouquet calmait ses scrupules en lui répondant :

« Votre modestie vous fait un obstacle de la généralité de mes expressions et vous craignez de rester au-dessous de l'opinion qu'on a conçue de vos talents. Que vous dirai-je de plus ? Vous serez chargé d'une inspection qu'il est, dès maintenant, assez difficile de préciser, mais qui vous permettra d'utiliser de toutes les manières votre génie. »

Philippe de Girard, inaccessible aux séductions d'une vulgaire vanité, ne pouvait se défendre de se sentir attiré vers un gouvernement qui lui tenait ce langage :

« Je possède d'immenses richesses ; l'ignorance, l'incapacité les laissent inutiles ; venez donner à ces éléments la valeur qu'ils sont susceptibles d'acquérir. »

« Si j'étais prince, avait dit un jour Chaptal, en sortant des ateliers établis par Philippe de Girard à Paris, je créerais, pour M. de Girard, un ministère de *l'Invention* ; je lui ferais un large budget en lui disant : *méditez* et *inventez*. »

L'idée du savant ministre de l'empire allait se trouver presque réalisée par l'offre de la haute direction promise à l'ingénieur français.

Une considération suprême détermina Philippe de Girard : une lettre venue de Marseille lui apprit que l'abandon des terres du domaine de Lourmarin ne suffisait pas pour satisfaire les exigences de ses créanciers ; qu'ils poursuivaient maintenant l'expropriation de la maison paternelle et du lieu même renfermant la sépulture de sa famille.

Le grand ingénieur fit parvenir son acceptation et un traité passé pour dix ans avec le gouvernement russe, lui fournit le prix de ce pieux rachat.

Bien que la destinée de Philippe de Girard semblât l'éloigner de plus en plus de sa patrie, son cœur se refusait à l'acceptation de distinctions qui auraient pû entraîner la perte de sa nationalité ; et par une faveur aussi honorable pour le ministre qui la concéda que pour celui qui voulut la réclamer, le grand inventeur fut autorisé à introduire, dans la formule du serment qu'il prêta comme ingénieur en chef des mines de Pologne, la réserve suivante :

« Mon intention n'ayant jamais été de renoncer à ma qualité de Français, je n'ai jamais prêté et ne crois pas pouvoir prêter un serment qui me rendrait sujet d'un autre État. »

La première mission confiée par le gouvernement russe à l'ingénieur français fut de visiter l'Angleterre, ses manufactures et ses grands travaux publics.

L'attention de Philippe de Girard se tourna tout d'abord vers les filatures de lin. Il se rappelait avoir vu, vers 1812, à Paris, des machines anglaises dans lesquelles le plus beau lin se crispait, se mêlait, se nouait et se rapprochait d'autant plus de l'état d'étoupe, qu'il était plus travaillé.

Quel progrès les mécaniciens anglais avaient-ils fait depuis cette époque ?

L'inventeur français était bien désireux d'éclaircir cette question.

Mais grande fut sa stupéfaction lorsqu'il retrouva en visitant, la manufacture renommée de M. Marshall, à Leeds, son système de machines préparatoires appliqué comme il l'avait inventé.

Un mot expliqua tout : Vers les premiers mois de l'année 1815, deux Français avaient vendu, moyennant le prix de 625,000 francs à un riche négociant, M. Horace Hall, des procédés nouveaux de filature, dont ils se disaient les inventeurs. Ces deux hommes avaient pris, à la date du 16 mai de la même année, une patente, traduction textuelle des divers brevets de l'inventeur français.

Philippe de Girard put vérifier à Londres, à *l'enrôlement office*, la preuve trop certaine de l'explication qui lui était donnée ; il avait la douleur de reconnaître dans cette fraude, la main de deux de ses anciens associés : MM. Cachard et Lanthois.

Une omission étrange frappait Philippe de

Girard : tandis que M. Marshall et les filateurs anglais après lui avaient adopté son système de machines préparatoires, ils laissaient inappliquée la partie la plus essentielle de son invention, celle sur laquelle se fondait la filature mécanique de lin en fin. Ce manque de sagacité s'expliquait par l'extrême importance que les filateurs attachaient, au début, aux machines préparatoires ; absorbée par l'application de ce moyen nouveau, leur attention avait glissé sur le procédé de filature en fin.

Cette seconde partie du système de l'inventeur restait donc oubliée, lorsqu'un hasard providentiel voulut que ce procédé fut mis en lumière par un M. Key, mécanicien anglais, à l'époque où Philippe de Girard se trouvait à Londres.

M. Key, plus attentif que ses prédécesseurs, avait trouvé, dans la patente copiée sur les brevets de l'ingénieur français, tout ce qu'elle contenait, et il s'était mis en mesure d'appliquer les moyens indiqués par Philippe de Girard à la suite de ses procédés préparatoires.

Des expériences publiques, faites dans une fabrique de Leeds, en présence des chefs des principales filatures de la ville, valaient à M. Key l'admiration de tous et des éloges dans la feuille anglaise, lorsque la déclaration suivante, publiée dans les journaux de Manchester et de Leeds, le 2 décembre 1826, dépouilla le triomphant inventeur du titre qu'il usurpait.

« A Monsieur le rédacteur du *Gardien de Manchester*.

« Je vous prie de vouloir bien présenter aux filateurs de lin de ce comté quelques observations qui seront d'un grand intérêt pour eux, ou qui, du moins, corrigeront un faux exposé fait sur une invention importante et en rendront le mérite à son véritable auteur.

« Il y a quelques mois, M. Key excita une grande sensation dans le commerce, en annonçant une méthode pour filer le lin, par laquelle on obtenait du fil beaucoup plus fin et plus *parfait* que par tout autre procédé précédemment connu. Il annonça cette invention non seulement comme nouvelle, mais comme sienne. Les résultats de ces expériences furent publiés dans plusieurs journaux, tant des provinces que de

Londres, et il concéda à plusieurs filateurs de lin le droit de faire usage de son invention, pour laquelle il avait obtenu une patente.

« Le public apprendra peut-être avec quelqu'étonnement que tout ce bruit avait été fait pour une invention publiée depuis longtemps sur le continent et patentée en Angleterre même depuis douze ans.

« Ce système de filature, annoncé par M. Key comme nouveau, est le même que j'ai inventé depuis quatorze ans et qui est établi avec grand succès en France, en Saxe et en Allemagne, et pour lequel une patente fut prise, sans ma participation, en Angleterre, dans le mois de mai 1815, par mes associés à Paris MM. Cachard et Lenthois, sous le nom de M. Hall.

« On trouve, dans cette patente, une description très claire du principe de cette filature, qui consiste à réduire le lin dans ses fibres élémentaires, en ramollissant par l'humidité la matière collante qui les réunit.

« Le mérite de cette invention m'appartient donc exclusivement, et, si le droit d'en faire usage peut maintenant appartenir à quelqu'un, c'est à M. Hall ; mais ni l'un ni l'autre, assurément n'appartiennent à M. Key.

« M. Key propose l'emploi d'une dissolution de potasse pour séparer les fibres. C'était là mon premier procédé, spécifié dans mon brevet d'invention en France, ainsi qu'un autre qui lui est infiniment préférable. Je n'ai parlé des dissolutions de soude, de potasse et de savon, que pour empêcher des contrefacteurs d'éluder mes droits en recourant à l'emploi de ces dissolutions. Mais on trouvera un procédé très supérieur à ceux-là dans la description de mes procédés annexée à la patente de M. Hall.

« On pourra voir chez moi les fils provenant de mes ateliers de filature, et on pourra les acheter, soit dans ma manufacture d'Hirtenberg, soit chez MM. Krantz et frères, à Chemnitz, en Saxe, qui ont depuis plusieurs années adopté mes procédés.

« La supériorité de mon système sera évidemment démontrée par ce seul fait, que nous filons communément cent vingt leas (1) à la livre, pendant que les premiers filateurs de Leeds ne pro-

(1) Un leas est un écheveau de 300 yards ou 274 mètres.

duisent point de fil au-dessus de quarante-deux leas, si ce n'est comme expérience.

« Il est difficile d'expliquer pourquoi les filateurs anglais ont négligé cette partie si importante de mon invention, pendant qu'ils ont adopté avec tant d'avantages les autres parties décrites dans la même patente de M. Hall. Tout ce que je puis supposer, c'est que, d'après l'extrême différence qui existe entre ce procédé et celui qui était généralement en usage, ils ne crurent pas aux avantages qu'il présente, et pensèrent que la décomposition qu'il produit devrait nécessairement diminuer la force du fil, supposition complètement fausse. L'expérience prouve, au contraire, que mes fils sont toujours plus forts que ceux qui sont fabriqués par les procédés ordinaires, parce que les fibres y conservent plus parfaitement leur parallélisme.

« L'autre partie de mon invention, dont je parle ci-dessus et qui a donné aux filateurs de lin en Angleterre les moyens d'apporter les premiers perfectionnements à leur ancien système, est l'emploi des chaînes de peignes sans fin dans les étirages et dans les machines à filer en gros, procédé que les filateurs anglais ont adopté depuis dix ans (1), et qui paraît être le seul moyen de produire avec le lin une préparation régulière. Je vois avec plaisir qu'ils sont maintenant disposés à adopter la seconde partie de mes procédés, et je dois des remercîments à M. Key, qui a fixé son attention sur cet important perfectionnement.

« Depuis cette patente de M. Hall, j'ai fait à mon système de filature de nombreuses additions, et entre autres, j'ai inventé une machine à peigner le lin (2) très-supérieure à celles qui sont maintenant employées à Leeds, et une autre machine pour faire les premiers rubans, qui se font à Leeds à la main, etc., etc.

« Je donnerai, sur ces nouveaux perfectionnements, tous les éclaircissements nécessaires aux personnes qui pourraient le désirer, et qui voudraient bien me les demander à l'adresse ci-dessous.

« Signé, Ph. DE GIRARD (3)

« Chez MM. Harmann et Cie, à Londres. »

(1) Un an après la patente prise par M. Hall.

(2) « C'était mon ancienne machine à chaînes de peignes ».

(3) Extrait du *Manchester-Guardian*, du 2 décembre 1826, n° 292, t. VI.

Les faits parlaient au-dessus de toute protestation. M. Key n'essaya pas même de contester ; sa patente fut considérée comme non avenue ; tous les filateurs s'empressèrent d'adopter, sans obstacle de sa part, ce procédé nouveau pour eux.

Ainsi, ce fut par un singulier concours de circonstances que Philippe de Girard mit gratuitement les filateurs anglais en possession de cette partie essentielle de ses procédés, et ce fut, en prouvant son droit d'invention, qu'il les affranchit du tribut qu'ils auraient dû payer à M, Key pour en faire usage.

« Si donc, a écrit depuis l'inventeur de la filature mécanique du lin, je n'ai retiré aucun profit du don immense que j'ai fait à l'Angleterre, il en restera du moins un monument ineffaçable dans cette déclaration acceptée sans réclamations, et par M. Key déçu dans ses espérances, et par tous les filateurs anglais, à qui elle enlevait tout l'honneur de ces inventions si vantées. »

Les études qui formaient le but de la mission de Philippe de Girard en Angleterre touchaient à leur terme. Il se préoccupa d'enrôler un assez grand nombre d'ouvriers pour travailler dans les mines de Pologne, et se procura des modèles de mécanismes nouveaux.

On raconte qu'il ne voulut pas acheter une faucheuse mécanique comprise parmi d'autres instruments d'agriculture ; les motifs de son refus caractérisent la nature des sentiments qui déterminaient ses actions.

Son imagination lui représentant la disgracieuse machine travaillant avec un bruit strident au milieu des vertes prairies, lui suggéra cette observation :

« Faisons les métiers pour les usines, mais réservons à l'homme les salutaires travaux de la campagne : la gaîté et les chants des moissonneurs appartiennent à la nature : ne lui gâtons pas ses riants tableaux. »

De nos jours, Philippe de Girard, mis en présence des difficultés que les exigences de la main-d'œuvre font éprouver aux fermiers et agriculteurs eût été plus favorable aux outils perfectionnés, mis à la disposition des exploitations agricoles.

Le rôle de promoteur de grands perfectionnements, rempli, jusqu'alors, par Philippe de Girard, allait se continuer dans l'exercice de ses nouvelles et importantes fonctions, avec cette générosité, ce merveilleux oubli de lui-même dont il avait déjà donné tant de fois, dans le cours de son existence, de si nobles exemples.

Mais avant de regagner le rude climat de la Russie, l'ingénieur en chef des mines de Pologne voulut respirer l'air de sa chère France.

Il dut renoncer au voyage de Paris, parce qu'il apprit que, malgré tout ce qu'il avait payé de dettes avec les produits d'Hirtenberg et la vente d'une partie des biens de Lourmarin, un créancier de ses premières manufactures se disposait à le faire incarcérer.

La frontière du département du Nord fut choisie comme lieu de rendez-vous.

Par un étrange jeu des vicissitudes humaines, ce département, rendu si riche par le développement de l'industrie linière, devait, vingt-six ans plus tard, élever une statue à l'inventeur qui, en 1827, n'en pouvait franchir les limites.

Philippe de Girard éprouvait la douleur de ne pas retrouver, en ce jour de réunion, son frère

Frédéric, le compagnon assidu de ses premiers travaux, le liquidateur infatigable des affaires de la famille, mort à la peine, après avoir lutté vainement contre la mauvaise fortune née des événements de 1814 et de 1815.

Il était remplacé par son fils, officier d'état-major de la plus haute distinction, Henri de Girard, qui devint le compagnon volontaire du courageux exil imposé à son oncle par la volonté de conserver à sa famille la maison patrimoniale de Lourmarin.

CHAPITRE X

CHAPITRE X

Nombreuses inventions de Philippe de Girard pendant son séjour en Pologne. — Fondation de Girardon. — Retour en France.

Quelques mois s'étaient à peine écoulés depuis le retour de Philippe de Girard en Pologne, qu'il avait déjà visité les établissements placés sous son inspection.

Partout il portait l'influence de son génie.

Les fourneaux à zinc lui durent une disposition nouvelle de canaux d'aspiration qui, par une communication avec les cheminées, faisaient descendre la flamme pour opérer la réverbération sur les cornues.

Ce perfectionnement produisit une telle économie dans la consommation du combustible, que le ministre des finances, le prince Lubecki, consigna dans un rapport les résultats obtenus par la déclaration suivante :

« M. Philippe de Girard a, par ce moyen, économisé en deux ans, dans la seule usine de Dombrowa, plus que la valeur entière de ses appointements pendant toute la durée de son contrat. »

Sous la direction de l'ingénieur français, les travaux cyclopéens du lac de Bobrza, conçus par lui, furent activement poursuivis et terminés.

Il ne s'agissait de rien moins que de former, à l'aide d'une digue gigantesque arrêtant le cours de la rivière qui alimentait le lac, une mer artificielle ; du haut de la digue devaient se précipiter d'énormes masses d'eau divisées en différents canaux destinés à faire mouvoir de nombreuses usines : travail immense, digne par lui seul, d'illustrer la vie d'un homme.

Le gouvernement russe ne pouvait négliger la filature mécanique du lin, alors qu'il possédait le promoteur même de cette industrie. D'après les vues de l'Empereur, il fut décidé que la première filature serait établie dans le vaste domaine de Guzow, propriété du comte Lubienski, gouverneur de la banque de Varsovie.

La situation choisie pour installer cet établissement paraissait, au premier aspect, beaucoup moins favorable que celle d'Hirtenberg ; mais Philippe de Girard possédait des plans complets, dont rien ne vint gêner l'exécution : les fautes commises en Autriche furent évitées. L'obstacle provenant de l'éloignement des villages pouvant fournir des ouvriers, disparut par la création d'un hameau, qui se peupla de tisserands.

L'adjonction d'une blanchisserie compléta le système de fabrication.

Ne relevant ainsi que d'elle-même, la fabrique se développa dans des conditions si considérables, qu'en 1829, une petite ville comptant plus de cinq cents familles s'élevait autour d'elle.

Ce fut aussi sur les terres de ce domaine que, par les soins de l'ingénieur français, s'éleva la première fabrique de sucre de betterave du pays.

Le gouvernement russe, pour perpétuer les immenses services rendus par Philippe de Girard à cette contrée, nomma Girardow la ville nouvelle et lui donna pour armes les armes de la famille de Girard (1).

Ce fut au milieu des travaux devenus nécessaires pour la mise en action de Girardow que Philippe de Girard inventa sa seconde machine à peigner le lin ; il fit prendre par son neveu Henri de Girard un brevet à Paris le 5 novembre 1832 (2).

(1) La ville de Girardow ne s'est pas montrée ingrate envers la mémoire de Philippe de Girard ; elle a consacré, dans une intéressante publication, l'histoire des services que lui rendit le grand inventeur.

(2) M. Henri de Girard, officier d'état-major, avait, comme nous l'avons vu précédemment, suivi son oncle en Pologne, lors de son retour d'Angleterre. Les événements de 1830 le trouvèrent à Varsovie ; la première nouvelle de la révolution qui venait de s'accomplir à Paris souleva le peuple; il ne tarda pas à se porter en foule vers le palais du grand-duc Constantin, en proférant des cris de vengeance et de mort. Henri de Girard se hâta de revêtir son costume de lieutenant d'état-major ; la vue d'un uniforme français excita les acclamations de la multitude, qui entoura le jeune officier et se laissa diriger par lui.

Son énergie et sa fermeté sauvèrent la vie du grand-duc et de plusieurs généraux russes enfermés dans le palais de ce prince.

Les lois de l'humanité respectées, la générosité de M. de Girard fit incliner ses sympathies vers la cause polonaise ; il se distingua dans plusieurs rencontres par de brillants faits d'armes, et reçut au combat de Firley-

Cette nouvelle machine fut adoptée par les constructeurs comme un chef-d'œuvre, tant sous le rapport de la conception que sous celui de l'exécution.

Aux prises avec un travail immense, l'activité de Philippe de Girard suffisait à tout ; il portait même ses investigations sur des matières qui paraissaient devoir lui être étrangères.

Proposait-on à son esprit une difficulté, il répondait par une invention.

C'est ainsi qu'après une conversation avec le président du comité d'artillerie de Varsovie, il avait découvert un mécanisme pour fabriquer les modèles en cuivre devant servir au moulage des projectiles de guerre et un autre pour travailler entièrement les bois de fusil.

Cette dernière machine épargnait au moins les deux tiers du prix de la main-d'œuvre.

Huit bois recevaient à la fois la forme extérieure ; la place du canon était creusée, ainsi

Kaminska une blessure tellement grave qu'elle nécessita un climat plus doux. Il mourut peu après son retour en France.

que celle de la baguette, de la platine et de la sous-garde. . .

Le grand-duc Michel, grand maître de l'artillerie, après avoir examiné par lui-même ce mécanisme, fit construire un assortiment de ces machines pour la fabrique impériale de Tula.

L'ingénieur français voulant, sans plus tarder, faire jouir la France d'une invention aussi importante, chargea son neveu, M. Henri de Girard, de remettre à la Société d'encouragement de Paris et au musée d'artillerie, des modèles de ces bois de fusil fabriqués mécaniquement, ainsi que les dessins du mécanisme employé (1).

La mort de M. Henri de Girard, survenue en 1833, vint interrompre malheureusement les démarches tentées pour amener l'adoption, par le gouvernement français, de la machine à fabriquer les bois de fusil.

Grand fut l'étonnement de Philippe de Girard lorsque, trois ans plus tard, il lut dans un

(1) Trois modèles de ces bois de fusil fabriqués à la mécanique existent aujourd'hui: au siège de la Société d'encouragement, au Musée d'artillerie, au Conservatoire des arts et métiers de Paris.

journal français que le gouvernement venait de passer avec un M. Grimpré moyennant 300,000 francs un traité pour la construction de machines semblables aux siennes.

Le 2 mai 1836, il s'empressait d'écrire au ministre de la guerre :

« Je ne viens pas criër au plagiat.

« M. Grimpré peut avoir inventé, de son côté, ce que j'avais trouvé moi-même, ou l'équivalent de ce que j'avais conçu ; mais je ne puis m'empêcher de me demander par quelle fatalité le gouvernement français vient d'acheter 300,000 francs une invention que j'avais faite en 1830, que tous les journaux de l'Europe signalaient, que j'avais mise gratuitement à la disposition du ministère, dès 1832. »

Depuis, un certificat a été délivré par le Comité d'artillerie aux héritiers du véritable inventeur de la machine à fabriquer les bois de fusil.

Ce document constate : qu'un bois de fusil existant au Musée d'artillerie de Paris porte cette incription : « *Bois travaillé sur les machines inventées par M. de Girard, ingé-*

nieur en chef des mines de Pologne, — Varsovie, 1831. »

Le Comité d'artillerie certifiait, en outre, que l'aspect de ce bois et les traces apparentes de travail qu'il portait autorisaient à croire que les procédés employés pour le préparer étaient entièrement analogues à ceux qui avaient été proposés depuis.

M. Grimpré ne put tenir ses engagements et, en 1840, Philippe de Girard écrivait :

« Par des causes que je ne saurais apprécier, M. Grimpré n'a pu livrer au gouvernement les appareils pour lesquels les Chambres avaient accordé un crédit de 300,000 francs qui ne figure plus au budget. Cependant mes machines restent, fonctionnent, remplissent toutes les conditions exigées; les pièces qui les mettent à la disposition du gouvernement sont déposées au ministère de la guerre : puissé-je ne point avoir l'affliction de les voir, avant d'être admises en France, aller d'abord, sans mon concours, comme mes machines à filer le lin, se naturaliser en Angleterre ! »

Aux réclamations de Philippe de Girard, on répondait que personne n'exécuterait ce que M. Grimpré n'avait pu faire, que l'opération était mathématiquement impossible.

Livrez-moi, écrivait le grand inventeur au brave et incrédule colonel qui s'obstinait à ne pas écouter ses démonstrations, livrez-moi cent mille garnitures de fusil ; je me charge de faire cent mille bois auquels elles s'adapteront.

« Vous ne pouvez exiger davantage. »

Une commission fut nommée, puis l'affaire resta dans les cartons.

Parmi les inventions qui furent, en 1844, apportées par Philippe de Girard à l'exposition de France figurèrent un piano octaviant et un trémolophone.

« Cela paraît, disait-il, en parlant de ces instruments de musique, assez étrange, qu'un ingénieur s'avise de faire des excursions dans le domaine des Pleyel et des Erard. Voici comment j'y fus conduit : Pendant une de mes tournées d'inspection des grands établissements industriels de Pologne, je reçus l'hospitalité chez le directeur d'un haut fourneau dont la fille jouait du piano. J'eus la fantaisie de faire quelques accords; l'instrument était détestable, c'était l'enfance de l'art; je m'amusai à le démonter; les leviers étaient gonflés par l'humidité, j'entrepris de les remplacer par des tiges métalliques, puis d'essais en essais, je fus amené à me proposer de faire produire au piano deux sons à l'octave. En frappant une seule touche j'arrivai, au moyen d'une série de leviers obliques, à faire mouvoir simultanément le marteau de la touche frappée et celui de son octave, de manière que les deux marteaux frappaient, en même temps, leurs cordes respectives. »

De retour à Varsovie, Philippe de Girard fit construire un piano dans lequel il introduisit les perfectionnements qu'il avait trouvés.

L'accueil que cet instrument reçut dans les salons russes le conduisit à l'exécution du *trémolophone*, qui obtint à l'exposition de Paris, ainsi que le piano octaviant, un grand succès servi par la brillante exécution de Litz le célèbre compositeur (1).

(1) Le journal l'*Illustration* de 1844 donna un article fort

Aux perfectionnements et aux inventions

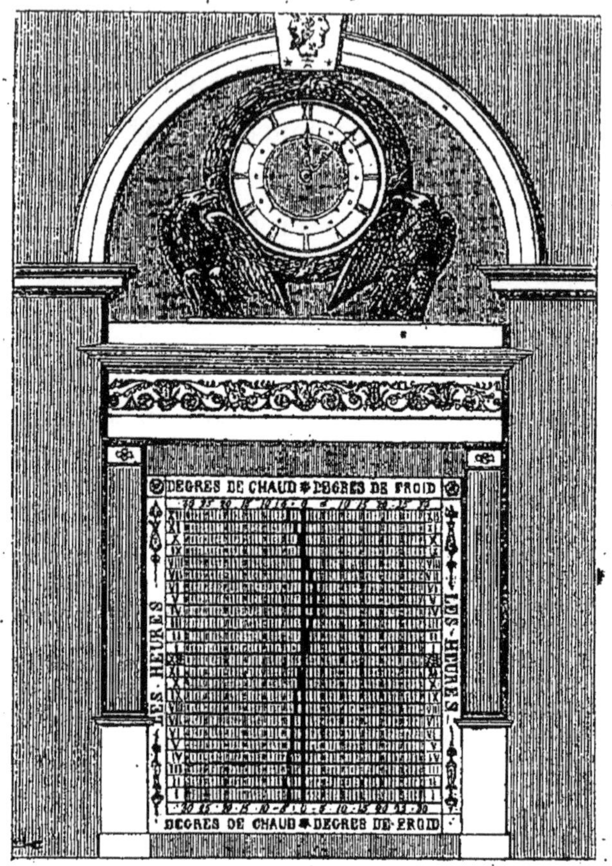

Vue du chrono-thermomètre.

énumérés précédemment, Philippe de Girard

intéressant de M. Saint Germain Leduc sur cette invention de Phillippe de Girard.

ajoutait divers apppareils employés dans les raffineries de sucre; il construisit un nouveau grenier à blé, dans lequel le grain était conservé, agité, vanné, ventilé dans des capacités fermées.

A cette époque, on admirait dans l'une des arcades du Palais de la Banque à Varsovie, un appareil élégamment construit indiquant sur un seul tableau les températures qui avaient eu lieu à chacune des vingt-quatre heures précédentes. Cet instrument nommé chrono-thermomètre, était dû à Philippe de de Girard.

L'ingénieur français inventait, vers le même temps, le météorographe destiné à noter, à chaque instant du jour et de la nuit, l'état du thermomètre, du baromètre, de l'hygromètre, du pluviomètre, la direction du vent et sa vitesse en mètres par seconde.

Philippe de Girard obéissant à la loi qu'il s'était fidèlement tracée fit parvenir, en France, les dessins de ces deux instruments, avec des notes descriptives à l'appui.

L'Institut nomma une commission pour les examiner, elle était composée de MM. Arago, Savary, Boussingault.

Dans une des leçons de son cours professé à l'Observatoire, M. Arago donna la description de ces appareils avec ce merveilleux talent de vulgarisation qui restera comme l'un des traits les plus saillants de sa physionomie scientifique.

Puis l'oubli se fit sur ces deux nouvelles conceptions de Philippe de Girard. Une tâche nouvelle vint s'ajouter aux immenses travaux qu'accomplissait Philippe de Girard et auxquels suffisait sa prodigieuse autorité d'esprit.

La *Revue Des Deux Mondes*, qui était dès cette époque, à l'étranger comme en France, en possession d'une si légitime réputation, venait de donner dans son numéro du 1er juillet 1839 un article sur la filature mécanique du lin.

L'auteur de ce travail faisait honneur à l'Angleterre de l'idée du rapprochement des cylindres fournisseurs et étireurs, qui prévient le danger des ruptures: il estimait que ce moyen avait imprimé la plus grande impulsion à cette industrie.

Évidemment, l'honorable écrivain ne connaissait pas le brevet d'invention pris par l'ingénieur français le 18 juillet 1810, dans lequel l'idée du rapprochemendt des cylindres était développée. Les orateurs qui, vers le même temps, félicitèrent à la tribune de la Chambre des députés l'industrie d'être parvenue, depuis 1833, à dérober les procédés de filature mécanique du lin à l'Angleterre, ignoraient aussi la part que Philippe de Girard avait prise à ces inventions rapportées en France (1).

L'opinion publique tendait de plus en plus à croire que cette création était d'origine anglaise.

Philippe de Girard résolut de réunir tous les éléments de preuve qui devaient produire la vérité.

Son travail fut terminé dans les premiers jours de l'année 1840 et envoyé à Paris.

(1) Discours de MM. Cunin-Gridaine et Gauthier de Rumilly à la Chambre des députés, séances des 10 et 11 février 1841. *Moniteur* 1841, 1er Semestre, p. 342 et 355.

Sous ce titre : *Mémoire au roi, aux ministres et aux Chambres, sur la priorité due à la France dans l'invention des machines à filer le lin et sur les droits exclusifs de Philippe de Girard à la création de cette industrie;* le grand ingénieur réfutait, de la façon la plus complète, les erreurs qui avaient eu cours jusqu'alors sur cette question.

Les idées fausses grandissent avec une rapidité qui tient du prodige, elles ne disparaissent que sous les efforts répétés de la patience et du raisonnement.

Un appui considérable vint, au début de cette grande enquête, s'offrir à l'inventeur. La Société d'Encouragement pour l'industrie nationale proclama les titres de l'ingénieur français et lui décerna, dès 1840, une médaille d'or portant cette inscription :

PHILIPPE DE GIRARD

INVENTEUR DE LA FILATURE MÉCANIQUE DU LIN

1810

Cette proclamation de la vérité ne devait pas trouver d'écho dans le monde officiel;

le ministère du commerce se montra très peu disposé à reconnaître les droits de l'inventeur et à considérer son mémoire avec les preuves à l'appui, comme détruisant les erreurs commises, en 1848, par M. Christian.

La douleur de voir sa gloire méconnue, s'ajoutant aux peines et aux fatigues subies depuis trente années, avait épuisé les forces du courageux lutteur.

Torturé par d'affreuses douleurs que son inépuisable bonté lui faisait oublier ou surmonter, quand il s'agissait de rendre service, il ne cessait d'être accablé de visites intéressées. Nul ne sortait de chez lui sans avoir trouvé le conseil, le moyen, le mécanisme sollicité du grand inventeur.

L'état de santé de l'ingénieur français alarma sa famille, restée à Paris. La fille de Frédéric de Girard, Mme la comtesse de Vernède de Corneillan, dont le persévérant dévouement devait donner tant de soins utiles à la mémoire de son oncle, comprenait que le retour en France, de l'inventeur de la filature mécanique du lin, était indispensable pour assurer la reconnaissance de son droit.

M. Arago avait dit à sa famille : « *Que M. de Girard vienne à Paris et que son grand âge ne s'effraie pas des démarches à faire. Je serai son œil pour voir et son bâton pour marcher.* »

Mme de Corneillan partit pour Varsovie.

Grande fut la douleur ressentie par la nièce de Philippe de Girard lorsqu'elle retrouva son oncle.

Le grand inventeur étendu sur son lit travaillait encore. Sans pitié pour son état de souffrance, d'indignes spéculateurs s'efforçaient d'obtenir du merveilleux *trouveur*, les derniers rayonnements de son génie.

Dès les premiers mots que Philippe de Girard échangea avec sa nièce, il manifesta un désir passionné de revoir la France.

Puissance prodigieuse de l'amour de la patrie, dans son état d'affaiblissement le grand inventeur trouva des élans spontanés, irrésistibles, sublimes pour exprimer sa volonté de revenir dans son pays.

La crainte de perdre l'ingénieur français

faisait comprendre au gouvernement de Pologne, mieux encore que par le passé, l'importance de ses services.

Des obstacles s'élevèrent de tous côtés pour empêcher son départ.

Retenu par une sollicitude que peuvent comprendre les hommes qui ont dirigé et fait réussir de grandes entreprises, Philippe de Girard hésitait à s'éloigner d'établissements qu'il avait portés à un haut dégré de perfectionnement et de prospérité.

Laissons Mme de Corneillan raconter comment elle ramena en France, pour y proclamer ses titres, l'inventeur de la filature mécanique du lin.

« Un soir, je m'étais assise aussi loin que possible, de la grande et froide fenêtre de l'appartement de mon oncle, près de l'immense poèle qui meuble presque tous les salons polonais ; je fuyais la vue de la neige et du douloureux spectacle de cet hiver qui me serrait le cœur. Mon oncle était assis près de moi et nous causions doucement, c'était peu avant la grande Exposition française de 1844.

— Pourquoi, lui disais-je, ne reviendriez-vous pas à Paris pour l'exposition? Ce serait un moment favorable pour faire reconnaître vos droits.

— Mes droits! Le gouvernement voudra-t-il reconnaître mes droits après tout ce qui vient d'être dit et écrit d'erreurs sur la filature mécanique du lin ? et qu'irais-je faire à l'Exposition, où je n'aurais rien à mettre.

— Mais vous auriez les machines nouvelles pour daguer et peigner le lin.

— C'est si peu de chose.

— Vous pourriez mettre vos bois de fusil, vos canons de fusil.

— Tout cela serait curieux; mais cela en vaudrait-il la peine ?

— Vous auriez encore le chrono-thermomètre, le météorographe.

— Oui, si nous avions le temps d'en faire construire des modèles.

— Vous oubliez encore vos machines pour le sucre de betterave, votre grenier à blé, vos pianos et tant d'autres inventions.

« Continuant ainsi, j'arrivai à lui démontrer

qu'il pourrait avoir à l'Exposition, douze machines ou modèles nouveaux. (1) »

Les obstacles mis au départ de Philippe de Girard, soit du côté du gouvernement russe, soit de la part de certaines individualités qui s'étaient efforcées de s'assurer les bénéfices de son génie, furent enfin vaincus et l'ingénieur français, après vingt-neuf ans d'absence, revit sa famille et son pays.

(1) *Correspondance de la famille de Girard.*

CHAPITRE XI

CHAPITRE XI

Philippe de Girard à l'exposition de 1844. — Le jury lui décerne une médaille d'or. — Résistance du ministre du commerce à reconnaître les titres de l'inventeur français. — Mort de Philippe de Girard.

Lorsque s'ouvrit l'exposition de 1844, Philippe de Girard y compta douze inventions :

Les bois de fusil fabriqués à la mécanique;

Les canons de fusil rubannés, tournés à froid;

Les nouveaux appareils pour le sucre de betterave;

Les dessins d'un nouveau grenier à blé;

Le météorographe;

Le chrono-thermomètre;

Un nouvel instrument de musique appelé trémolophone;

Un piano octaviant;

Les dessins d'une turbine, dite à tourbillons ;

Les lampes hydrostatiques ;

Les dernières machines à daguer et à peigner. Enfin, il avait la joie de retrouver un système complet de filature mécanique du lin, et de pouvoir, après trente ans d'absence, placer, sur les machines récemment construites, les dessins de ses brevets primitifs ; de les présenter en regard les uns des autres; montrant ainsi la pensée première à côté de l'exécution moderne considérée comme la plus parfaite.

De l'avis de mécaniciens expérimentés aucun changement essentiel n'avait été apporté.

Philippe de Girard, salué par les exposants comme le vétéran de l'industrie, recevait d'eux la présidence d'honneur de leur banquet.

Les heures que l'inventeur ne passait pas au Palais de l'industrie, il les consacrait à visiter les grands établissements industriels de Paris. Le soir, il retrouvait dans les salons que ses relations de famille lui ouvraient, cette causerie française dont il avait été si longtemps privé.

« J'en suis, disait-il un jour, en sortant d'une réception chez Mme Récamier, à considérer comme complètement retranchées de mon existence, les années que j'ai passées loin de Paris. »

On s'attendait à ne trouver en lui qu'un ingénieur ne sachant parler que de machines et on le quittait charmé d'avoir rencontré un littérateur et un artiste.

Les visites de Philippe de Girard aux établissements industriels de Paris furent pour lui l'occasion d'écrire à son frère Joseph une lettre par laquelle, il lui racontait, de la meilleure grâce du monde, commment on lui reprochait d'avoir tout inventé et ce qu'il avait répondu à cette critique :

« Nous étions allés, écrivait-il, avec M. Chapelle chez M. Cavé, qui est le plus grand constructeur de machines à vapeur de France. Je vis là une machine à expansion qu'on appelle aujourd'hui à détente de vapeur, et je dis : « Ah! voilà « une de mes anciennes inventions pour laquelle « j'ai obtenu, en 1809, une médaille d'or à la « société d'encouragement. »

« Puis, j'en vois une avec condenseur extérieur : « Voilà une autre de mes inventions, qui « se trouvait dans la même machine. »

« Enfin, vient une chaudière formée de tuyaux,

et je dis encore : « C'est en 1817 que j'ai construit « le premier appareil de ce genre en Autriche, « sur un vaisseau à vapeur. »

« A tout cela, on ne répondait pas grand chose; je m'aperçus même que ces messieurs paraissaient contrariés de me voir réclamer toutes ces créations. Et quand nous fûmes revenus chez M. Chapelle, il me dit amicalement, que cette manie d'avoir tant inventé pouvait indisposer contre moi ; il me fit entendre, sans trop me le dire, qu'on renvoyait mes prétentions au pays des chimères, et qu'il serait mieux de me contenter du titre d'inventeur de la filature mécanique du lin.

« Quelques jours après, étant encore chez lui, je regardais avec attention une lampe hydrostatique qui se trouvait sur sa cheminée.

« Ce sont, dit-il, d'excellentes lampes. C'est la lampe hydrostatique de Thilorier »

« Oh lui! répondis-je, vous en direz ce que « vous voudrez, c'est la lampe hydrostatique de « Girard, que j'ai inventée en 1801, et pour laquelle « j'ai pris un brevet, ainsi que pour les globes de « cristal dépoli, qui éclairent maintenant toute « l'Europe. »

« Ceci parut produire sur son esprit une certaine impression, et après la lecture du rapport fait à la Société d'encouragement sur mes machines à vapeur à expansion, et sur la condensation extérieure, il changea tout à fait de manière et il ajouta : que « c'était une invention presqu'aussi « importante que celle de la filature du lin, « qu'elle devait épargner pour plusieurs millions « de combustible par an. »

La publicité que le mérite de ces diverses inventions recevait dans le monde industriel, remplissait Philippe de Girard de l'espérance qu'elles lui créeraient de nouveaux titres pour obtenir justice dans la grande question de l'invention de la filature mécanique du lin.

Des témoignages considérables de sympathie s'élevaient autour de lui.

L'illustre astronome Arago lui avait promis, nous l'avons vu au chapitre précédent : *d'être son œil pour voir et son bâton pour marcher*, il continuait à prendre le plus généreux intérêt à ses succès. Et ce n'était pas peu de chose que l'appui d'Arago ; sa supériorité reconnue, sa prépondérance dans le monde scientifique, sa position de secrétaire perpétuel de l'Académie des

Arago.

sciences, étaient des forces considérables. Déjà par son cours populaire d'astronomie, il s'était fait grand vulgarisateur. Il fut pour une part sérieuse le vulgarisateur de Philippe de Girard.

MM. Charles Dupin, Pouillet, Wolowski, Michel Chevalier, Dumas, accordaient leur protection à la cause de l'inventeur.

M. Guizot, alors ministre des affaires étrangères, l'avait reçu en audience particulière et après avoir entendu Philippe de Girard exposer ses titres, il s'était longuement entretenu avec lui de la Russie et de la Pologne qu'il venait d'habiter pendant vingt années.

Dans la Presse, MM. Armand Bertin, Jules Janin, Ampère, Adrien de Lavalette, Jobart, Saint-Germain Leduc, Berlioz, et bien d'autres publiciste éminents avaient écrit des pages dans lesquelles le cœur, le talent et l'esprit rivalisaient de délicatesse pour louer le génie.

Le jury central de l'Exposition était venu à son tour porter témoignage en décernant à Philippe de Girard une médaille d'or.

Le rapport consacrait de la manière la plus complète les titres de gloire du grand inventeur, il concluait ainsi :

« M. Philippe de Girard présente à l'examen

du jury des objets très divers : une machine à peigner le lin, des bois de fusil exécutés mécaniquement, des instruments de musique et des instruments de météorologie.

« Ces objets seuls seraient suffisants pour donner à M. Philippe de Girard un rang très distingué parmi les inventeurs les plus ingénieux et les plus dignes de participer aux récompenses nationales.

« Cependant, ils ne représentent que la moindre partie des idées fécondes qu'on doit à son esprit hardi et novateur.

« A ces titres, déjà si recommandables, s'en ajoutent d'autres qui le sont à un degré bien plus éminent. M. Philippe de Girard est incontestablement l'homme de notre siècle qui a pris la première et la plus glorieuse part à l'invention de la filature mécanique du lin.

« M. Philippe de Girard a découvert, publié, appliqué les principes fondamentaux de cette fabrication ; c'est un titre de gloire qui lui appartient, et qui appartient à son pays. »

On n'ignorait plus, dès cette époque, que

Philippe de Girard avait sacrifié la totalité de la fortune de sa famille à son invention.

Obéissant à une noble pensée, la Société des inventeurs et filateurs mécaniciens, sur la proposition de l'honorable M. Chapelle, son président, offrit à l'inventeur de la filature mécaniquement du lin une sorte de liste civile, qui s'éleva jusqu'à 6,000 fr. Il ne jouit pas longtemps, hélas! de cet hommage. La résistance du ministre de commerce d'alors, M. Cunin-Gridaine à reconnaître les droits de Philippe de Girard, semblait augmenter à mesure que ses titres devenaient de plus en plus incontestables. Aux démarches tentées par les amis de l'inventeur pour lui faire obtenir le prix promis par le décret de 1810 et la croix de la Légion d'honneur, le ministre opposait le rapport de 1818.

Le travail de M. Christian était aux yeux de M. Cunin-Gridaine, une preuve que l'essai tenté par Philippe de Girard n'avait pas réussi.

D'ailleurs, le ministre du commerce estimait que la filature mécanique du lin était d'origine anglaise, elle avait été, croyait-il, dérobée en 1833, à l'Angleterre par des filateurs français qui, sous l'influence de mesures protectrices accordées par le gouvernement, avaient pu fonder et conduire des établissements capables de soutenir la concurrence des manufactures étrangères (1).

Il n'entrait pas dans la pensée de Philippe de Girard de nier l'immense influence des mesures prises pour assurer, depuis 1833, la prospérité de l'industrie linière en France; il ne pouvait que déplorer pour son pays le refus d'une semblable protection à la naissance même de cette branche de commerce, en 1815.

En ce qui concernait l'invention elle-même, il soumettait au ministre ce raisonnement.

« Toute invention suppose un inventeur. Quel nom l'Angleterre m'oppose-elle? Peut-elle même prétendre à l'invention de la filature mécanique du lin? Cela est impossible depuis que j'ai fait tomber, par une réclamation dans les feuilles anglaises, les titres supposés de MM. Horace Hall et Key.

(1) Conservatoire des arts et métiers : Brevet d'importation d'assortiment de machines anglaises, 28 novembre 1833.

« En l'absence de tout concurrent, suis-je donc l'inventeur? »

Pour faire cette preuve Philippe de Girard invoquait ses brevets pris en France depuis 1810. Il citait l'*Histoire de l'industrie* du savant Chaptal, témoin de ses premiers et heureux essais : il expliquait la fondation d'Hirtenberg; la fraude de ses associés et l'origine de l'industrie linière en Angleterre. Enfin, pour démontrer que la prospérité tardive de cette industrie en France, ne pouvait lui être imputée, il s'appuyait sur un rapport présenté à la Chambre des députés, le 15 juillet 1840, par M. Martin du Nord, dans la question des douanes.

Le rapporteur, après avoir constaté l'infériorité de l'industrie linière en France, comparée au développement immense qu'elle avait pris en Angleterre, s'exprimait ainsi :

« Dira-t-on qu'il faut céder à la force des circonstances, parce que nous ne sommes pas en possession des machines nécessaires ?

« Mais il n'en est rien ; nous possédons les procédés de M. Philippe de Girard, avec tous les détails de leur application ; ses machines trop longtemps négligées par la France, à qui elles n'ont pas cessé d'appartenir, après avoir été éprouvées à l'étranger par une longue expérience, sont reproduites aujourd'hui chez nous par des constructeurs habiles. Comment la lutte s'établirait-elle utilement pour l'emploi de ces machines, si l'on n'accorde pas d'abord une suffisante protection à l'industrie française, devancée par des rivaux dont les établissements sont formés depuis longtemps. »

M. Cunin-Gridaine répondait à ces preuves en ajournant l'examen de la question et Philippe de Girard ne pouvait même obtenir la communication des rapports sur lesquels on prétendait le juger.

Une parenté puissante fit tomber ce nouvel obstacle.

M. le colonel du génie, baron de Chabaud-Latour (1), député, aide de camp du comte de Paris, écrivit au ministre, avec l'autorisation du roi la lettre suivante, dont la précision toute

(1) Depuis général de division et ministre de l'Intérieur, en 1874.

militaire montre jusqu'à quel point le refus de communication avait été poussé :

« J'ai l'honneur de prier M. le ministre du commerce de faire communiquer à M. de Girard, inventeur de la filature mécanique du lin, le rapport de trois experts : MM. Christian, Regnier et Pajot des Charmes, fait en 1818, sur la demande formée par M. de Girard d'une subvention du gouvernement pour aider son industrie. Il a besoin de connaître les conclusions de ce rapport pour les discuter.

« Il ne peut éprouver de refus dans cette demande.

« Son très dévoué serviteur,

« Baron DE CHABAUD-LATOUR » (1).

5 février 1845.

M. de Chabaud demandait, en outre, la nomination d'une Commission composée d'hommes spéciaux, à l'effet de constater l'erreur dans laquelle les experts de 1818 étaient tombés.

(1) *Archives du ministère du commerce.* « Manufactures » n° 750.

Le ministre ajournait cette demande en exprimant la crainte que ce désir accueilli n'ouvrît la porte à des réclamations du même genre, qui surchargeraient l'administration *d'embarras*.

« Les embarras deviendraient bien plus sérieux, ajoutait la lettre ministérielle, s'il s'agissait, au point de vue où la question a été par vous posée, de revendiquer au nom de la France l'invention de la filature mécanique du lin » (1).

Ces lenteurs, ces timidités, ce mauvais vouloir administratif accumulaient les retards et le temps s'écoulait.

La résistance ministérielle était arrivée à prendre la forme de ce raisonnement inconcevable : — « M. de Girard ne semble pas avoir droit à une récompense nationale parce qu'il ne prouve pas suffisamment ses titres à l'invention de la filature mécanique du lin. Il ne sera pas décoré parce qu'il a porté son invention à l'étranger. »

A cette objection, comme à ce reproche, le noble et malheureux vieillard, si cruellement torturé,

(1) Dossier de Girard: *Archives du ministère de Commerce.*

répondait par deux moyens que sa grande droiture lui inspirait :

— « Vous doutez de mon droit à l'invention ! Eh bien ! nommez une commission composée de filateurs les plus distingués de France, qu'ils visitent l'établissement le plus renommé de notre pays, puis qu'ils examinent mes divers brevets d'invention et de perfectionnement. Si, comparaison faite, mes brevets contiennent les éléments constitutifs, essentiels de la fabrication, je suis le créateur de cette industrie. Si la preuve m'est contraire, je dois garder le silence et me voiler la tête ; car pendant trente ans j'ai été le jouet d'une illusion. Quant au reproche d'avoir privé la France de mon invention, écoutez un témoin dont l'honorabilité ne peut être mise en doute ; M. Constant Prévost, membre de l'Institut, mon ancien associé, dira que mes machines sont restées à Paris, à la disposition du gouvernement et des industriels, je ne puis être coupable de l'inexpérience de ceux qui les ont délaissées. »

Pendant que Philippe de Girard accumulait preuves sur preuves, un travail destiné à compléter le dossier de son affaire était rédigé au ministère du commerce.

Ce document se terminait ainsi :

« Les jurys des Expositions antérieures à 1834 ont constaté l'inutilité des efforts tentés pour introduire la mécanique dans la filature du lin, jusqu'au moment où cette industrie a été importée d'Angleterre par des fabricants français, qui en ont doté leur pays à force de dépenses de soins et de sacrifices (1). »

C'était l'idée persistante de l'invention *dérobée* à l'Angleterre. Une discussion publique ne pouvant plus laisser d'obscurités après elle, devenait indispensable.

Philippe de Girard résolut de soumettre la question aux Chambres et M. Arago se chargea de porter la parole.

Le dossier lui fut, sur sa demande, adressé le 25 mai.

Il n'était pas complet, une pièce fort importante manquait entre autres ; c'était une lettre d'un des premiers manufacturiers de France,

(1) Dossier de Girard : *Archives du Ministère du commerce.*

Hâtez-vous, le temps presse, le vieillard vous échappera.

portant ce témoignage que les machines importées d'Angleterre étaient conformes à celles décrites bien antérieurement par Philippe de Girard dans ses brevets et qu'aucune modification, vraiment essentielle, n'y avait été introduite.

Il fallut adresser une nouvelle demande aux bureaux du ministère, afin de compléter les documents sur lesquels la discussion publique devait porter.

L'âme navrée de douleur, Philippe de Girard travaillait à réunir ses preuves dans ce qu'il appelait son procès contre M. Cunin-Gridaine.

Un jour, on vint remettre au grand ingénieur un article publié sur lui dans l'*Écho du monde savant;* l'éminent publiciste qui dirigeait ce recueil (1), après avoir retracé l'existence de Philippe de Girard s'écriait : « *Ce n'est pas au mort qu'il faut payer une dette. Hâtez-vous le temps presse, le vieillard vous échappera.* »

Ce journal fut adressé au ministre avec les mots suivants écrits en marge de l'article par

(1) M. Adrien de Lavalette.

Philippe de Girard : « *J'appelle l'attention de M. le ministre sur ces deux lignes* ».

La mort vint plus vite que la réponse.

Le grand inventeur expira le 26 août 1845.

Elles furent nombreuses les voix éloquentes qui apprirent à la France, *les regrets immenses qu'elle devait concevoir de la perte de Philippe de Girard, maréchal de l'industrie mort sur la brèche* (1).

Mais entre toutes, la parole de M. Ampère, brilla de l'éclat de l'indépendance et de la vérité.

« M. de Girard, écrivit M. Ampère, dans un article publié par le *Journal des Débats* (15 octobre 1845) demandait une récompense qui, selon la noble expression de son mémoire au roi et aux Chambres, devait être une réhabilitation de l'industrie française, et constatât d'une manière digne de son pays que le grand problème, proposé par Napoléon, avait été résolu par un Français, une récompense enfin, qui assurât l'aisance à ses vieux ans et à sa famille, victime, comme lui, de ces essais dispendieux auxquels un génie inventif se laisse entraîner.

(1) *Lettre de M. Arago.*

. . . .
. . . .

« D'inexplicables oppositions s'étaient élevées contre les plus justes réclamations, et en avaient retardé l'effet; qu'elles triomphent ces oppositions malheureuses ! Elles ont empoisonné les derniers jours d'un homme supérieur! Elles ont empêché la croix d'honneur d'être placée sur sa bière ! »

Quelle explication trouver, en effet, de la résistance de M. Cunin-Gridaine? Pourquoi inclinait-il à refuser à la France une gloire qui lui appartenait incontestablement et que l'Angleterre ne songeait plus à réclamer?

Manufacturier puissant, homme d'affaires habile, il ne vit probablement dans la réclamation de Philippe de Girard qu'une demande qu'il importait d'ajourner le plus longtemps possible, parce que la revendication du million promis par l'Empereur Napoléon Ier pouvait naître à la suite du droit reconnu. Et il refusait, sans doute, la croix de la Légion d'honneur, parce que l'accorder, c'eût été créer un titre.

Un grand ministre plus préoccupé de la gloire de son pays que d'obéir à ces combinaisons inspirées par une excessive prudence financière, eût élevé cette affaire à la hautenr d'une question d'équité et d'honneur national.

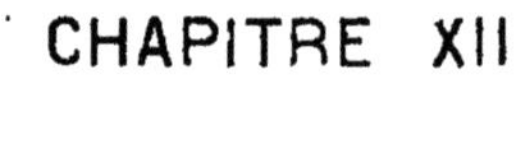

CHAPITRE XII

CHAPITRE XII

Funérailles de Philippe de Girard. — Les titres du grand inventeur triomphent, enfin, des dernières dénégations. — Une récompense nationale est accordée à ses héritiers. Monuments élevés à sa gloire. — Dernière réclamation des héritiers de Girard. — Statue érigée par le département de Vaucluse.

Le monde de l'industrie fut convoqué par les soins de l'honorable M. Chapelle, président du comité des ingénieurs mécaniciens, aux funérailles de Philippe de Girard.

Une foule immense, dans laquelle des ouvriers étaient mêlés à des savants, accompagna le convoi du grand inventeur au cimetière du Père-Lachaise.

Dans un discours plein de cœur M. Chapelle indiqua les faits généraux de l'existence de l'ingénieur français, l'importance de ses nombreuses inventions, le malheur de ses dernières années.

Il protesta, avec l'autorité qui lui appartenait, contre la malheureuse influence du travail des experts de l'année 1818, rapport dans lequel, selon ses expressions, l'absurde égalait la malveillance. »

La presse de Paris, qui avait prêté son concours honorable à la défense des droits de Philippe de Girard n'abandonna pas sa famille.

Dans le même temps, M. Achille Jubinal dont le nom avait acquis une honorable notoriété littéraire, retrouvait dans des souvenirs de famille les deux premières pièces de toile confectionnées avec du lin tissé à la mécanique, il en faisait hommage aux héritiers de Philippe de Girard en accompagnant ce précieux témoignage des essais de 1812 de la lettre suivante, constatant une fois de plus le succès des efforts tentés pour répondre au programme du prix proposé en 1810.

« Paris, 24 septembre 1845.

« Madame,

« Étant allé, ce matin, chez mon ami le comte

de Lavalette, fondateur de la Société des inventeurs (le même qui a eu l'idée d'une pension faite par l'industrie à M. Philippe de Girard et qui a prononcé un très beau discours sur sa tombe) je me suis souvenu que je vous avais promis un *échantillon* des premiers produits de sa magnifique découverte de la filature du lin à la mécanique.

« Je crois vous avoir dit, madame, d'où provient ce trésor que, sans doute, personne ne connaît en France où, du moins, personne n'a le pareil.

« C'était à la fin de l'Empire, mon père était chef de division à la secrétairerie d'État aux Tuileries sous M. de Bassano.

« M. de Girard fit sa précieuse découverte et apporta ou envoya un jour à l'Empereur plusieurs pièces de lin filé à la mécanique comme résultat de ses recherches.

« L'Empereur admira beaucoup et donna ces pièces à M. de Bassano qui, à son tour, les montra à ses principaux chefs et en distribua à quelques-uns, mon père fut un de ceux-là ; et récemment, comme je lui parlais de M. de Girard à propos de sa mort, il alla ouvrir son armoire à linge, en tira plusieurs mouchoirs, et me raconta ce qui précède.

« Je vous envoie *un exemplaire* de ces premiers essais si parfaits pourtant, de M. de Girard, comme témoignage de mon respect pour sa mémoire, la valeur de ce morceau d'étoffe est nulle en elle-même, ce tissu ne vaut que par ces circonstances et par ce souvenir.

« Daignez agréer, etc.

« Achille JUBINAL.

« Paris, 46 rue Jacob. »

Ainsi, de tous côtés, les documents abondaient pour rappeler les origines de l'invention.

Un nouvel appel fut fait à la justice du gouvernement et à la reconnaissance du pays par MM. Émile Deschamps, Quittard, Rampal, Chapsal, comte de Villiers.

M. Alcan, dans son cours professé au Conservatoire, consacrait les hommages rendus pa la presse française au génie de l'inventeur, en expliquant les principes de sa découverte, et en prouvant, avec une rigueur mathématique, que la priorité de l'invention ne pouvait lui être disputée.

Les événements politiques de 1848 ajournèrent le triomphe de tant d'efforts.

Mais dès l'année suivante, la distribution des récompenses aux lauréats de l'Exposition de 1849 fournit une occasion favorable à la proclamation des droits de Philippe de Girard.

Le prince Président de la République avait voulu décerner lui-même les récompenses. Il vint au Palais de Justice dont l'immense salle portait inscrits sur les clefs de ses voûtes les noms des principaux inventeurs français.

Après avoir rappelé les pertes occasionnées au commerce de la France par l'oubli de nos inventions portées à l'étranger, M. Charles Dupin, président du jury central, prononça ces paroles mémorables :

« Monsieur le Président, ces vérités vous pouvez les lire, inscrites au-dessus de votre tête, dans ce Palais de Justice où vous voyez écrit: *Filature du lin, Philippe de Girard.* Comme la plupart des inventeurs, il est mort sans fortune, il laisse une famille, et la promesse de Napoléon, que n'a tenue aucun régime subséquent, cette promesse attend votre équité. *C'est le vœu sacré du jury que la Patrie paye enfin sa dette d'honneur et de reconnaissance.*

Ce jour de la justice semblait arrivé lorsque l'Assemblée législative eut désigné une commission chargée d'examiner les titres des héritiers de Philippe de Girard à l'obtention d'une récompense nationale.

Cette commission présidée par l'honorable M. Darblay avait désigné M. de Rességuier pour rapporteur.

Aux documents déjà connus, la famille ajoutait deux lettres d'une très grande importance; elles étaient écrites par deux manufacturiers qui occupaient la première place dans l'industrie linière.

La première émanait de MM. Scrive, manufacturiers à Lille; elle était ainsi conçue:

« Lille, le 29 Juillet 1851. »

« Nous sommes heureux de pouvoir appuyer de notre nom et de notre témoignage la juste demande qui a été déposée sur le bureau de l'Assemblée nationale.

« Les représentants de la France, nous n'en doutons pas, accorderont à la famille de Philippe de Girard la récompense des services que cet homme de génie a rendus à l'industrie linière.

« Les premières machines pour la filature du lin que nous avons importées d'Angleterre en France, en 1834 et 1835, étaient construites d'après les principes fondamentaux qui constituent l'invention de M. de Girard. »

L'autre lettre tirait une non moins grande autorité de la haute position occupée dans l'industrie par son auteur M. Féray d'Essonne, du conseil général des manufactures.

« M. Philippe de Girard, écrivait-il le 30 juillet 1851, est, à mes yeux, le véritable inventeur de la filature mécanique du lin. Les procédés découverts par lui, savoir : *Les peignes mobiles pour les machines préparatoires et la décomposition, par l'eau chaude, de la gomme qui entoure la fibre du lin*, sont les fondements de cette filature.

« Les machines importées d'Angleterre ne contiennent aucune idée nouvelle ; elles ne diffèrent que par des détails d'exécution des machines qu'avait imaginées et faites M. de Girard, auquel seul revient tout l'honneur de l'invention. »

La fatalité semblait avoir voulu tromper à toutes les époques, les espérances conçues par Philippe de Girard et les siens alors qu'il semblaient toucher à la réalisation prochaine de leurs vœux les plus légitimes.

La chute du premier empire en 1814 et 1815 avait empêché le jury spécial de se prononcer sur le concours ouvert en 1810; la révolution de 1848 était venue effacer momentanément le souvenir des réclamations élevées par les industriels et les représentants les plus accrédités de la presse française, un nouvel événement politique, le coup d'État de décembre 1851, dispersa l'Assemblée nationale législative, au lendemain du jour où le rapport de M. de Reséguier, conçu dans les termes les plus généreux et les plus favorables concluant à l'attribution d'une pension à titre de récompense nationale, avait été déposé.

Qnand on songe que tous les documents réunis pour mettre hors de constestation les titres de la France à l'invention de la filature mécanique du lin, n'empêchaient pas, en 1852, certaines individualités, en Angleterre, de revendiquer encore cette gloire pour leur pays, on reste pénétré de cette pensée, que les preuves historiques ne sauraient être conservées avec un soin trop religieux.

Le temps efface les témoignages, accroît les doutes, et tous les éléments de certitude considérés comme un luxe de précautions finissent par devenir indispensables pour disputer à l'erreur le champ de la vérité.

Tout ce qu'on avait pu dire à la tribune française, tout ce que les journaux avaient publié n'empêcha pas, M. Charley, fabricant et blanchisseur à Belfast, nommé rapporteur de la 14e section du jury international, d'attribuer à l'Angleterre l'honneur de l'invention française.

M. Legentil, président de la chambre de commerce de Paris, dans un travail présenté par lui à la commission centrale du jury français, en 1852, combattit l'erreur de M. Charley et cet honorable fabricant éclairé par la discussion, consentit avec une loyauté et une courtoisie parfaites à la suppression, dans son rapport, d'un exposé dont l'inexactitude lui était démontrée.

L'acte de justice préparé par l'Assemblée nationale, dissoute en décembre 1851, fut réalisé par le Corps législatif de 1853.

Un projet de loi adopté le 17 mai de cette année d'après le rapport de M. le député Seydoux, accorda six mille francs de pension viagère à M. Joseph de Girard, frère de l'inventeur. Une pension de pareil somme était attribuée à Mme de Vernède de Corneillan, fille de Frédéric.

La commission proposait « en raison des services rendus par cette famille, services qui avaient été pour elle une cause de ruine » que cette pension fut en totalité, soit pour douze mille francs, réversible sur la tête de la petite nièce de Philippe de Girard.

Une nation, disait le rapporteur, s'enrichit par de telles récompenses.

La mission de présenter aux suffrages du Sénat le projet de loi adopté par le Corps législatif fut réservée au savant célèbre qui avait prononcé ces mémorables paroles: « *C'est le vœu sacré du jury que la patrie paye enfin sa dette d'honneur et de reconnaissance.* » M. Charles Dupin anima du souffle de son dévouement à la science et aux savants les termes de son rapport.

« Les imaginations de nos ingénieurs et de nos artistes, dit-il devant le Sénat, s'enflammeront d'une ardeur nouvelle à la pensée qu'aucun grand service public ne pourra désormais échapper à la reconnaissance nationale.

« Elles ne redouteront plus d'être étouffées par les jalousies de la médiocrité qui, dans une seule industrie, coûtent déjà près d'un milliard à la France. Le gouvernement éclairé par l'expérience saura confier l'appréciation des découvertes portant le type du génie, à des juges capables eux-mêmes d'en faire de telles, et qui les aiment à ce titre. »

La mort des hommes illustres détermine la manifestation de la reconnaissance publique.

Lille décida qu'une statue serait élevée à l'inventeur de la filature mécanique du lin ; Amiens donna le nom de Philippe de Girard à l'une de ses rues, cet exemple devait être suivi par l'administration municipale de Paris quelques années plus tard; le département de Vaucluse représenté par son Conseil général émit le vœu qu'une statue consacrerait, au lieu même de sa naissance, la gloire de Philippe de Girard.

En 1855, le buste du grand ingénieur fut placé dans le palais de l'Exposition universelle, et son nom brilla parmi les deux cents inscriptions qui, gravées sur la façade extérieure du Palais des Champs-Élysées, rappellent la mémoire des hommes de génie, créateurs par excellence dans les sciences, les arts et l'industrie.

Un monument plus magnifique encore et non moins durable, était, vers le même temps, consacré à la mémoire de l'inventeur par un géomètre éminent, M. le général Poncelet.

Dans un rapport sur les machines et outils employés dans les manufactures, fait à la commission française du jury international de l'exposition universelle de Londres, M. le général Poncelet restitua dans leurs plus grands détails au véritable auteur, ses découvertes, tantôt dérobées, tantôt dépréciées ou défigurées par l'inintelligence et la malveillance (1).

(1) *Rapport sur les machines et outils appropriés aux arts*

La famille de Girard en acceptant avec reconnaissance la pension de 12,000 francs qui lui avait été constituée par le gouvernement, n'entendait cependant pas renoncer à l'exécution de la promesse contenue dans le décret de 1810 devenu la cause principale de sa ruine.

Elle prétendait que, dès 1812, répondant à l'appel de l'empereur Napoléon 1er Philippe de Girard avait trouvé et construit la meilleure machine propre à filer le lin, que si des événements de force majeure s'étaient opposés au fonctionnement du jury constitué en vue du concours, les témoignages les plus dignes de foi attestaient maintenant que Philippe de Girard avait complètement, en temps utile, résolu le problème proposé.

La nièce de l'inventeur, madame de Vernède de Corneillan, formula donc nettement dans un mémoire adressé au ministre des finances une demande en paiement de la récompense promise par le décret de 1810.

Une réponse défavorable ayant été faite à

textiles, par M. le général PONCELET, collection des travaux de la commission française, Exposition universelle de 1851, page 150.

cette requête, le Conseil d'état fut appelé à examiner le recours de Madame de Corneillan contre la décision ministérielle.

Un honorable avocat à la Cour de cassation et au conseil d'État, depuis ministre des Finances, M. Mathieu-Bodet, présenta devant le conseil les moyens de la demande formulée par la nièce du grand inventeur. Sa prétention paraissait fondée en droit rigoureux.

Aux termes des articles 9 et 10 de la loi du 29 janvier 1831, un délai de cinq années est imparti à tout créancier de l'Etat pour réclamer le paiement de sa créance, ce délai commençant à courir à dater de la clôture de l'exercice auquel les créances appartiennent.

A quel exercice le règlement de la créance appartenait-il ?

Il semblait absolument juridique de l'attribuer à l'exercice 1853, date à laquelle les droits de Philippe de Girard à l'invention de la filature mécanique du lin ayant été reconnus par un vote des Chambres, étaient devenus incontestablement consacrés.

La demande formée en 1858, devait être

dans ces conditions réputée introduite en temps utile, c'est-à-dire avant l'expiration du délai, de cinq années fixé par la loi de 1851.

Cependant le Conseil d'Etat, par une décision du 1er mars 1860, repoussa le recours de madame de Corneillan par les motifs suivants :

« Considérant que pour réclamer de l'État le paiement de la somme d'un million, le dame de Vernède de Corneillan invoque les droits de Philippe de Girard, son oncle, dont elle est héritière, au prix accordé par le décret du 7 mai 1810 à l'inventeur de la meilleure machine propre à filer le lin ;

« Considérant que c'est en 1810 que Philippe de Girard a pris les brevets qui constatent sa découverte;

« Que la clôture du concours ouvert en exécution du décret du 7 mai 1810 a été fixé au 7 mai 1813;

« Qu'ainsi, c'est à partir de 1813, que l'inventeur devait, s'il s'y croyait fondé, faire valoir les droits qui pouvaient résulter pour lui de sa découverte et demander la liquidation, l'ordonnancement et le paiement de sa créance ; que dès lors, cette créance appartenait à l'exercice 1813 ;

« Considérant que si par un Mémoire adressé au roi et aux Chambres et publié en 1840 et 1844, Philippe de Girard a revendiqué l'honneur, qui ne lui est plus aujourd'hui contesté, d'avoir inventé la filature mécanique du lin, il n'a jamais formé aucune demande devant l'autorité compétente, à l'effet de se faire reconnaître créancier de la somme de un million en vertu du décret de 1810 ;

« Que la requérante n'allègue pas en avoir, elle-même présenté aucune à cet effet avant 1849.

« Considérant que la loi du 7 juin 1853, qui, en considération du service rendu par Philippe de Girard à l'industrie, a accordé une récompense à ses héritiers, est un acte de munificence nationale qui n'a eu ni pour but ni pour effet de reconnaître ou de conserver les droits prétendus de Philippe de Girard au prix d'un milion, que la dame de Vernède de Corneillan réclame aujourd'hui de son chef ;

« Qu'ainsi la requérante n'est pas fondée à soutenir que c'est seulement à dater de cette loi qu'elle a pu produire sa créance, et que, par suite, cette créance ne remontrait qu'à l'exercice 1853 ;

« Que, de ce qui précède, il suit que c'est avec raison que notre ministre a fait application à la dame de Vernède de Corneillan des déchéances prononcées par les lois ;

« Que dans ces circonstances, il n'y a lieu ni de rechercher si Philippe de Girard aurait été en droit de réclamer le prix proposé par le décret de 1810, ni d'examiner si la réclamation de la dame de Vernède de Corneillan aurait été de nature à nous être présentée par la voie contentieuse ;

Article 1er — La requête de la dame de Vernède de Corneillan est rejetée (1) »

Cette décision était motivée, on le voit, par des raisons empruntées à ces motifs que le langage judiciaire appelle : « *Les fins de non-recevoir*.

La décision du conseil d'Etat se résume ainsi : L'inventeur et ses héritiers n'ont pas demandé, en temps utile, la liquidation de leur créance !

Comment pouvaient-ils formuler cette récla-

(1) Répertoire de Dalloz, année 1860, 3e partie, p. 26.

mation tant que la réalité du titre d'inventeur était contestée ? Jusqu'au 1853, la réponse eût porté sur le fond même du débat et l'État aurait prétendu que Philippe de Girard n'était pas l'inventeur de la filature mécanique du lin. Cette défense aurait été cependant, comme l'accumulation des preuves l'a établi depuis, contraire à la vérité.

Quoiqu'il en soit, l'impartiale histoire doit constater que le décret de 1810 ayant provoqué une invention complètement réalisée, l'inventeur n'a pas reçu la récompense promise.

Détournons les yeux de cette conclusion malheureusement produite par un fatal enchaînement de circonstances et par une trop ordinaire tendance des gouvernements à réduire les questions les plus hautes à des expédients de procédure ; revenons à Philippe de Girard lui-même, et terminons par le fidèle et beau portrait que M. Ampère nous a donné de lui :

« Tous ceux qui l'ont approché peuvent le dire, il était aussi distingué par l'âme que par l'intelligence. Il avait la simplicité des natures supérieures, oubliant toujours ses intérêts pour ses idées quand ce n'était pas les intérêts d'autrui ; plein de sympathie et d'abandon, allant sans regarder où le poussait le mouvement de sa pensée, l'entrainement du cœur ; un peu distrait, sincèrement modeste, imagination vive, cœur tendre, d'une infatigable confiance dans les hommes et le sort qui tous deux le trompèrent tant de fois. Ouvrier avec les ouvriers qu'il aimait, dans un salon, il redevenait homme du monde. Aimable et bon pour tout ce qui l'entourait, il fut la providence de sa famille ; il employait les ressources de son esprit créateur à soulager la vieillesse de son frère aîné, à guider sur le papier par un ingénieux et touchant mécanisme la main fraternelle qu'une vue affaiblie ne pouvait plus conduire : il suppléait à la nature par un art que la tendresse inspirait. (1) »

On ne peut mieux dire et ce bel éloge prouve une fois de plus cette vérité : Les gloires élevées sur le désintéressement et la vertu brillent d'un éclat permanent.

(1) *Journal des Débats,* 30 novembre 1845.

FIN DE VIE ET INVENTIONS DE PHILIPPE DE GIRARD

NOTICES BIOGRAPHIQUES

ET

OUVRAGES PUBLIÉS SUR PHILIPPE DE GIRARD

SA STATUE DESTINÉE A LA VILLE D'AVIGNON

1825-1833. Recueil de lettres adressées par Philippe de Girard à sa famille, publié à Valence en 1844. Aurel, imprimeur.

1845. 30 novembre : Article du *Journal des Débats* par M. J.-J. Ampère, sur Ph. de Girard.

1851. Notice sur Philippe de Girard, par Benjamin Rampal, brochure publiée à Paris.

1851. Notice biographique sur le chevalier Philippe de Girard, inventeur de la filature mécanique du lin, par M. Emile Deschamps.

1853. Ph. de Girard, article du *Musée universel*, par Chapsal.

1853 et **1856**. Notes et observations au Corps Législatif et au Sénat par les héritiers de Ph. de Girard.

1856. Biographie de Philippe de Girard insérée dans la *Biographie universelle* de Michaud, article rédigé par M. Parisot.

1857. 2e édition en brochure, de l'article de M. J.-J. Ampère, publiée par les *Débats* en 1845.

1858. Vie et inventions de Philippe de Girard, inventeur de la filature mécanique du lin, par Gabriel Desclosières, 1re édition, 1 volume avec gravures.

1858. Rapport de M. le général Poncelet, inséré dans le recueil des travaux de la commission française, 7e jury, Machines et Outils, t. III, 2e section, ve partie. Travail communiqué en manuscrit, dès 1853, à la commission législative chargée de proposer une récompense nationale.

1868. Conférence sur Philippe de Girard, par M. H. Baudrillart. Hachette, éditeur.

1874. Philippe de Girard notice insérée dans une brochure intitulée : *Deux inventeurs célèbres*, par M. le baron Ernouf. — Hachette, 2e édition.

1878. La statue de Ph. de Girard destinée à la ville d'Avignon a été exécutée par M. GUILLAUME, statuaire; elle a figuré, à l'Exposition des beaux-arts.

1879. Biographie de Philippe de Girard, comprise dans la publication : *Les grands Hommes industriels de la France* par M. A. Rouxel.

TABLE DES MATIÈRES

Pages

Avant-Propos de la 1re et de la 2e édition v

I. — Famille de Girard. — Lourmarin. — Premières années 1

II. — Direction imprimée par M. de Girard à ses fils. — Aptitude de Philippe pour les sciences. — Les événements de 1793 dispersent la famille de Girard. — Philippe combat dans l'armée fédéraliste 15

III. — Exil à Mahon. — Livourne. — Nice. 29

IV. — Lampes hydrostatiques. 45

V. — Perfectionnements apportés aux machines à feu. 53

VI. — Invention de la filature mécanique du lin . . . 63

VII. — Application de la filature mécanique du lin à Paris. — Établissements de la rue Vendôme et de la rue Meslay. — Invention des armes à vapeur 77

VIII. — Philippe de Girard est forcé de quitter la France. — Création de l'établissement d'Hirtenberg 93

Pages

IX. — Philippe de Girard devient ingénieur en chef des mines de Pologne. — Comment il découvre que ses procédés de filature mécanique du lin avaient été vendus à l'Angleterre. 109

X. — Nombreuses inventions de Philippe de Girard pendant son séjour en Pologne. — Création de Girardow. — Retour en France. 129

XI. — Philippe de Girard à l'Exposition de 1844. — Le jury lui décerne une médaille d'or. — Résistance du ministre du commerce à reconnaître les titres de l'inventeur français, — Mort de Philippe de Girard. 151

XII. — Funérailles de Philippe de Girard. — Ses titres à l'invention de la filature mécanique du lin triomphent, enfin, des dernières dénégations. — Une récompense nationale est accordée à ses héritiers. — Monuments élevés à sa gloire. — Décision du conseil d'État sur la réclamation des héritiers. — Portrait de Ph. de Girard, par M. J.-J. Ampère 175

Notices biographiques et ouvrages publiés sur Ph. de Girard. — Sa statue destinée à la ville d'Avignon 197

Table des matières. 199

3162. — Tours, imp. Rouillé-Ladevèze, rue Chaude, 6.

www.ingramcontent.com/pod-product-compliance
Ingram Content Group UK Ltd.
Pitfield, Milton Keynes, MK11 3LW, UK
UKHW022054190726
13855UKWH00002B/493